尚波/著

财商

中国华侨出版社
·北京·

枫商

前言
PREFACE

财商是指一个人在财务方面的智力,即理财的智慧,它包括两方面的能力:一是正确认识金钱及金钱规律的能力;二是正确使用金钱及金钱规律的能力。财商是衡量一个人在商业方面取得成功能力的重要指标,反映了一个人判断财富的敏锐性,以及对怎样才能形成财富的了解程度。财商是实现成功人生的关键,智商能令你聪明,但不能使你成为富有的人;情商可帮助你寻找财富,赚取人生的第一桶金;只有财商才能为你保存第一桶金,并且让它增值得更多。

现实生活中,我们经常听到一些人为自己没钱找借口,抱怨命运不公。其实,这是人的通病。他们从来没有考虑过,他们之所以贫穷,就在于财商低下,对金钱一无所知。财商的低下导致行动的落后,行动的落后导致生活的贫穷。世界上许多穷困的人都是有才华的人。这些人整天就想着读完大学读硕士,读完硕士读博士,甚至出国深造,考各种各样的资格证,以期在毕业的时候能找到一家好的雇主,得到一份高薪。在他们的思维中,从来就没有想过如何提高自己的财商,结果,博士、硕士给财商极高的高中生甚至初中生老板打工的现象比比皆是。因此，如果不努力提高你的财商，即使你学到再多的知识，考到再多的资格证，你依然无法在财富方面取得成功，更别说获得财务上的自由。

很多人看到别人的财富都很艳羡，梦想着有朝一日能够像他们一样家财万贯。其实，你要成为亿万富翁也不是没有可能。这是一个创造奇迹的时代，人人生来都是平等的，没有高低贵贱之分。那些起初也贫穷，最终成为万人景仰的富翁，他们致富的秘诀是什么呢？答案就是不断提高自己的财商。他们时刻都像成功者那样思考、行动，最终通过不懈的努力，实现了自己人生的辉煌。因此，贫穷并不可怕，关键在于你要提高财商，改变自己的思维，学会像成功者一样思考，像成功者一样行动，最终你也可以成功。

本书详细讲述如何进行财商方面教育、训练、提高，学会成功者的思维方式、理财模式和赚钱方式，掌握提高财商的基本方法；迅速提升商机洞察力、综合理财力，懂得如何运用金钱，如何捕捉别人无法识别的机会，正确解读财富自由的人生真谛；获得正确认识和运用金钱及金钱规律的能力；洞悉多种投资致富途径的玄妙，懂得运用正确的财商观念指导自己的投资行为，学会架构自己的投资策略体系，掌握实用的投资方法；等等。实践证明，只要具备了较高的财商，就能在今后的事业中游刃有余，机会自然也就接踵而来，对财富的渴望就有可能变成希望，变成现实。

目录
CONTENTS

第一章
脑袋决定口袋,财商决定财富

第一节 财商高的人和你想的不一样 ………… 2
　　财商决定贫富　// 2
　　财商高的人做事业　// 6
　　财商高的人努力修建属于自己的码头　// 12
　　财商高的人最"富"的是思考　// 15

第二节 想要致富,必先"智"富 ………… 23
　　树立正确的金钱观　// 23
　　财商高的人教育观念不一样　// 26

第三节 提高财商,你也可以成为亿万富翁 ……… 29
　　首先应该学习成功者的思维方式　// 29
　　高素质比高学历更重要　// 31
　　赚钱能力是通过积累和学习而来的　// 35

第二章
财商与自我管理：要想富，先自律

第一节　学会掌控自己的时间和生活 …………… 40

　　　　时间是财商高的人最大的财富　// 40

　　　　牵着时间的鼻子走，而不是让时间牵着你走　// 44

第二节　让赚钱成为一种习惯 …………………… 47

　　　　从身边的小事做起　// 47

　　　　成功者喜欢从小事中激发创意　// 50

　　　　以小钱赚大钱　// 54

第三节　诚信是致富的灵魂 ……………………… 58

　　　　品德是信誉的担保　// 58

　　　　财商高的人更需讲信誉　// 62

　　　　财商高的人做真实的自己　// 65

第三章
财商与投资理财：聪明人是怎样用钱赚钱的

第一节 让金钱流动起来……………………… 68

  财商低的人攒钱，财商高的人赚钱　// 68

  只有投资，你才能富有　// 72

  财商低的人的钱是死钱，财商高的人的钱是活钱　// 76

  财商低的人急功近利，财商高的人踏踏实实　// 80

第二节 活用投资工具，让钱生出更多的钱……… 85

  赚取钱的差价：买卖外汇　// 85

  理想的投资：金边债券　// 90

  分享公司的成长：投资股票　// 95

第三节 驾驭风险，理性投资……………………… 99

  财商高的人掌控风险　// 99

  敢于冒险往往会取得意想不到的结果　// 104

  赌博心态要不得　// 107

第四章
财商与机遇：财商创造机遇，机遇造就财富

第一节 机遇造就亿万富翁，机遇其实也是创造出来的…… 111

　　亿万富翁是机遇创造的　// 111

　　财商高的人做机遇的主人　// 115

第二节 机遇只青睐有准备的人………… 121

　　只要你去发现，机遇就在身边　// 121

　　按兵不动，择机而动　// 124

　　树立个人品牌，等机遇找你　// 127

第三节 该出手时就出手………… 130

　　普通人忽视商机，财商高的人捕捉商机　// 130

　　财商高的人逆境也能致富　// 132

第五章

财商与创业：创业是船，财商是舵

第一节 创业是致富必走的道路 …………… 137
  只有创业才能走上致富的道路 // 137
  发掘你的第一桶金 // 142

第二节 成功企业家的 4 种品质 …………… 148
  品质一：高效 // 148
  品质二：果断 // 151
  品质三：自我约束 // 153
  品质四：坚持 // 156

第六章

财商与创新：财商点亮创新，创新带来财富

第一节 创新思路，把"不可能"变为"可能" … 160
  与众不同的思考才能赚钱 // 160

远见卓识是创富之人的标签　//165

第二节　不改变难成功，创新产生财富奇迹……… 171
　　　墨守成规阻碍成功　//171
　　　最大的危险是不冒险　//173

第三节　找到方法，就能开启财富的大门.……… 176
　　　没有笨死的牛，只有愚死的汉　//176
　　　三分苦干，七分巧干　//178

第一章
脑袋决定口袋,财商决定财富

第一节

财商高的人和你想的不一样

财商决定贫富

财商的高低在一定程度上决定了一个人是贫穷还是富有。一个拥有高财商的人,即使他现在是贫穷的,那也只是暂时的,他必将成为富人;相反,一个低财商的人,即使他现在很有钱,他的钱终究会花完,他终将成为穷人。

那么财商到底是什么呢?如果说智商是衡量一个人思考问题的能力,情商是衡量一个人控制情感的能力,那么财商就是衡量一个人控制金钱的能力。财商并不在于你有钱,而在于你有控制钱,并使它们为你带来更多的钱的能力,以及你能使这些钱维持得长久。这就是财商的定义。财商高的人,他们自己并不需要付出多大的努力,钱会为他们努力工作,所以他们可以花很多的时间去干自己喜欢干的事情。

简单地说,财商就是人作为经济人,在现在这个经济社会里的生存能力,是判断一个人怎样能挣钱的敏锐性,是会计、投资、市场营销和法律等各方面能力的综合。美国理财专家罗伯特·T.清崎认为:"财商不是你赚了多少钱,而是你有多少钱,钱为你工作的努力程度,以及你的钱能维持几代。"他认为，要想在财务上变得更安全，人们除了具备当雇员和自由职业者的能力之外，还应该同时学会做企业主和投资者。如果一个人能够充当几种不同的角色，他就会感到很安全，即使他的钱很少。他所要做的就是等待机会来运用他的知识，然后赚到钱。

财商与你挣多少钱没有关系，财商是测算你能留住多少钱，以及让这些钱为你工作多久的指标。随着年龄的增大，如果你的钱能够不断地给你买回更多的自由、幸福、健康和人生选择的话，那么就意味着你的财商在增加。财商的高低与智力水平并没有必然的联系。

富翁们是靠什么创富的呢？靠的是"财商"。

越战期间，好莱坞举行过一次募捐晚会，由于当时反战情绪强烈，募捐晚会以一美元的收获收场，创下好莱坞的一个吉尼斯纪录。不过，晚会上，一个叫卡塞尔的小伙子一举成名，他是苏富比拍卖行的拍卖师，那一美元就是他用智慧募集到的。

当时，卡塞尔让大家在晚会上选一位最漂亮的姑娘，然后由他来拍卖这位姑娘的一个亲吻，由此，他募到了难得的一美元。当好莱坞把这一美元寄往越南前线时，美国各大报纸都进行了报道。

由此，德国的某一猎头公司发现了这位天才。他们认为，卡塞尔是棵摇钱树，谁能运用他的头脑，必将财源滚滚。于是，猎头公司建议日渐衰微的奥格斯堡啤酒厂重金聘卡塞尔为顾问。1972年，卡塞尔移居德国，受聘于奥格斯堡啤酒厂。他果然不负众望，开发了美容啤酒和浴用啤酒，从而使奥格斯堡啤酒厂一夜之间成为全世界销量最大的啤酒厂。1990年，卡塞尔以德国政府顾问的身份主持拆除柏林墙，这一次，他使柏林墙的每一块砖以收藏品的形式进入了世界上

200多万个家庭和公司，创造了城墙砖售价的世界之最。

1998年，卡塞尔返回美国。下飞机时，拉斯维加斯正上演一出拳击喜剧，泰森咬掉了霍利菲尔德的半块耳朵。出人意料的是，第二天，欧洲和美国的许多超市出现了"霍氏耳朵"巧克力，其生产厂家正是卡塞尔所属的特尔尼公司。卡塞尔虽因霍利菲尔德的起诉输掉了盈利额的80%，然而，他天才的商业洞察力给他赢来年薪1000万美元的身价。

新世纪到来的那一天，卡塞尔应休斯敦大学校长曼海姆的邀请，回母校做创业演讲。演讲会上，一位学生向他提问："卡塞尔先生，您能在我单腿站立的时间里，把您创业的精髓告诉我吗？"那位学生正准备抬起一只脚，卡塞尔就答复完毕："生意场上，无论买卖大小，出卖的都是智慧。"

其实，卡塞尔所说的智慧就是财商。

许多亿万富翁在年龄很小的时候就拥有了很高的财商，比如石油大王洛克菲勒。

约翰·戴维森·洛克菲勒的童年时光是在一个叫摩拉维亚的小镇上度过的。每当黑夜降临，约翰常常和父亲点起蜡烛，相对而坐，一边煮着咖啡，一边天南地北地聊着，话题总是离不了怎样做生意赚钱。约翰·洛克菲勒从小脑子里就装满了父亲传授给他的生意经。

7岁那年，一个偶然的机会，约翰在树林中玩耍时，发现了一个火鸡窝。于是他眼珠一转，计上心来。他想：火鸡是大家都喜欢吃的肉食品，如果把小火鸡养大后卖出去，一定能赚不少钱。于是，洛克菲勒此后每天都早早来到树林中，耐心地等到火鸡孵出小火鸡后暂时离开窝巢的间隙，飞快地抱走小火鸡，把它们养在自己的房间里，细心照顾。到了感恩节，小火鸡已经长大了，他便把它们卖给附近的农庄。于是，洛克菲勒的存钱罐里，镍币和银币逐渐减少，变成了一张张绿色的钞票。不仅如此，洛克菲勒还想出一个让钱生更多钱的妙计。他把这些钱放给耕作的佃农们，等他们收获之后就可以连本带利地收回。一个年仅7岁的孩子竟能想出卖火鸡赚钱的主意，不能不令人惊叹！

在摩拉维亚安家以后，父亲雇用长工耕作他家的土地，他自己则改行做了木材生意。人们喜欢称他父亲为"大比尔"，大比尔工作勤奋，常常受到赞扬，另外，他还热心社会公益事业，诸如为教会和学校募捐等，甚至参加了禁酒运动，一度戒掉了他特别喜爱的杯中之物。

大比尔在做木材生意的同时，不时注意向小约翰传授这方面的经验。洛克菲勒后来回忆道："首先，父亲派我翻山越岭去买成捆的薪材以便家里使用，我知道了什么是上好的硬山毛榉和槭木；我父亲告诉我只选坚硬而笔直的木材，不要任何大树或'朽'木，这对我是个很好的训练。"

年幼的洛克菲勒如同一轮刚刚跃出地平线的旭日，在经商方面初露锋芒。在和父亲的一次谈话中，大比尔问他：

"你的存钱罐大概存了不少钱吧？"

"我贷了50元给附近的农民。"儿子满脸得意。

"是吗？50元？"父亲很是惊讶。因为那个时代，50美元是个不算小的数目。

"利息是7.5%，到了明年就能拿到3.75元的利息。另外，我在你的马铃薯地里帮你干活，工资每小时0.37元，明天我把记账本拿给你看。这样出卖劳动力很不划算。"洛克菲勒滔滔不绝，很在行地说着，毫不理会父亲惊讶的表情。

父亲望着刚刚 12 岁就懂得贷款赚钱的儿子，喜爱之情溢于言表，儿子的精明不在自己之下，将来一定会大有出息的。

由以上的故事中我们可以得出，财商具有以下两种作用：

第一，财商可以为自己带来财富。

学习财商，锻炼自己的财商思维，掌握财商的致富方法，就是为了使自己在创造财富的过程中，少走弯路，少碰钉子，尽快致富。一旦拥有了财商的头脑，想不富都难。

第二，财商可以助自己实现理想。

现在，在市场经济大潮的冲击下，许多人纷纷下海淘金，都想圆致富梦，却又囿于旧思想、旧传统，找不到致富之门。财商理念犹如开启财富之门的金钥匙，用财商为自己创富，就可以实现自己的理想。有了钱，相信干别的也会很顺利。

总之，财商可以带来财富，可以帮你实现自己的理想，也就是说，你就是金钱的主人，可以按照自己的意志去支配金钱，这时，幸福感就会传遍你全身，这就是财商的魅力。拥有财商，也就拥有了幸福的人生。

财商高的人做事业

如果有人投资让你去开一个杂货店，你会怎么想？

从做事情的角度考虑，开杂货店不用风吹日晒雨淋，除了进货，大部分时间都是坐着，可以闲聊，可以看报，可以织毛衣，不可谓不轻松。钱呢，也有得赚，进价 6 角的，卖价 1 元，七零八碎地一个月下来，衣食至少无忧。干吗不做？

但换一个角度想，开了杂货店，你就开不成百货店、饮食店、书店、鞋店、时装店，总之，做一件事的代价就是失去了做别的事的机会。人生几十年，如果不想在一个10平方米的杂货店内耗掉，你就得想到底做什么更有前途。从事业的角度，你要考虑的就不是轻松，也不是一个月的收入，而是它未来发展的潜力和空间到底有多大。

杂货店不是不可以开，而是看你以怎样的态度去开。如果把它当作一件事情来做，它就只是一件事情，做完就完事。如果是一项事业，你就会设计它的未来，把每天的每一步都当作一个连续的过程。

作为事业的杂货店，它的外延是在不断扩展的，它的性质也在变。如果别的店只有两种酱油，而你的店却有10种；你不仅买一赠一，还送货上门，免费鉴定，传授知识，让人了解什么是化学酱油、什么是酿造酱油，你就为你的店赋予了特色。你的口碑越来越好，渐渐就会有人舍近求远，穿过整个街区来你的店里买酱油。当你终于舍得拿出钱去注册商标，你的店就有了品牌，有了无形资产。如果你的规模扩大，你想到增加店面，或者用连锁的方式，或者采取特许加盟，你的店又有了概念，有了进一步运作的基础。

这就是事情和事业的区别，也是财商高者与财商低者的差距。

一位哲人说过：如果一个人能够把本职工作当成事业来做，那么他就成功了一半。然而，不幸的是，对今天的一些人来说，工作并不等于事业。在他们眼里，找工作、谋职业不过是为了糊口、混日子而已。

1974年，麦当劳的创始人雷·克罗克，被邀请去奥斯汀为得克萨斯州立大学的工商管理硕士班做讲演。在一场激动人心的讲演之后，学生们问克罗克是否愿意去他们常去的地方一起喝杯啤酒，克罗克高兴地接受了邀请。

当这群人都拿到啤酒之后，克罗克问："谁能告诉我我是做什么的？"当时每个人都笑了，大多数MBA学生都认为克罗克是在开玩笑。见没人回答他的问题，于是克罗克又问："你们认为我能做什么呢？"学生们又一次笑了，最后一个大胆的学生叫道："克罗克，所有人都知道你是做汉堡包的。"

克罗克哈哈地笑了："我料到你们会这么说。"他停止笑声并很快地说："女士们、先生们，其实我不做汉堡包业务，我真正的生意是房地产。"

接着，克罗克花了很长时间来解释他的话。克罗克的远期商业计划中，基本业务将是出售麦当劳的各个分店给各个合伙人，他一向很重视每个分店的地理位置，因为他知道房产和位置将是每个分店获得成功的最重要的因素；而同时，当克罗克实施他的计划时，那些买下分店的人也将付钱从麦当劳集团手中买下分店的地。

麦当劳今天已是世界上最大的房地产商了，它拥有的房地产甚至超过了天主教会。今天，麦当劳已经拥有美国以及世界其他地方的一些商业价值极高的街角和十字路口的黄金地段。

克罗克之所以成功，就在于他的目标是建立自己的事业，而不仅仅是卖几个汉堡包赚钱。克罗克对职业和事业之间的区别很清楚，他的职业总是不变的：是个商人。他卖过牛奶搅拌器，以后又转为卖汉堡包，而他的事业则是积累能产生收入的地产。

艾普森高中毕业后随哥哥到纽约找工作。

他和哥哥在码头的一个仓库给人家缝补篷布。艾普森很能干，做的活儿也精细，他看到别人丢弃的线头碎布也会随手拾起来，留作备用，好像这个公司是他自己开的一样。

一天夜里，暴风雨骤起，艾普森从床上爬起来，拿起手电筒就冲到大雨中。哥哥劝不住他，骂他是个傻蛋。

在露天仓库里，艾普森察看了一个又一个货堆，加固被掀起的篷布。这时候老板正好开车过来，只见艾普森已经成了一个水人儿。

当老板看到货物完好无损时，当场表示给他加薪。艾普森说："不用了，我只是看看我缝补的篷布结不结实。再说，我就住在仓库旁，顺便看看货物只不过是举手之劳。"

老板见他如此诚实，如此有责任心，就让他到自己的另一个公司当经理。

公司刚开张，需要招聘几个文化程度高的大学毕业生当业务员。艾普森的哥哥跑来，说："给我弄个好差使干干。"艾普森深知哥哥的个性，就说："你不行。"哥哥说："看大门也不行吗？"艾普森说："不行，因为你不会把活当成自己家的事干。"哥哥说他："真傻，这又不是你自己的公司！"临走时，哥哥说艾普森没良心，不料艾普森说："只有把公司当成是自己开的，才能把事情干好，才算有良心。"

几年后，艾普森成了一家公司的总裁，他哥哥却还在码头上替人缝补篷布。这就是带着事业心做事与糊弄工作之间的区别。

英特尔总裁安迪·格鲁夫应邀对加州大学的伯克利分校毕业生发表演讲的时候，曾提出这样一个建议：

"不管你在哪里工作，都别把自己当成员工，应该把公司看作自己开的一样。你的职业生涯除你自己之外，全天下没有人可以掌控，这是你自己的事业。"

从某种意义上来说，做事情的人就是在为钱而工作，而做事业的人却让钱为自己而工作。

美国百万富翁罗·道密尔，是一个在美国工艺品和玩具业界富有传奇性的人物。道密尔初到美国时，身上只有5美元。他住在纽约的犹太人居住区，生活拮据。然而，他对生活、对未来充满了信心。18个月内，他换了15份工作。他认为，那些工作除了能果腹外，都不能展示他的能力，也学不到有用的新东西。在那段动荡不安的岁月里，他经常忍饥挨饿，但始终没有失去放弃那些不适合他的工作的勇气。

一次，道密尔到一家生产日用品的工厂应聘。当时该厂只缺搬运工，而搬运工的工资是最低的。老板对道密尔没抱希望，道密尔却答应了。

之后，每天他都7点半上班，当老板开门时，道密尔已站在门外等他。他帮老板开门，并帮他做一些每天例行的零散工作。晚上，他一直工作到工厂关门时才离开。他不多说话，只是埋头工作，除了本身应做的以外，凡是他看到的需要做的工作，总是顺手把它做好，就好像工厂是他自己开的。

这样，道密尔不但靠勤劳工作，比别人多付出努力学到了很多有用的东西，而且赢得了老板的绝对信任。最后，老板决定将这个生意交给道密尔打理。道密尔的周薪由30美元一下子涨到了175美元，几乎是原来的6倍。可是这样的高薪并没有把道密尔留住，因为他知道这不是他的最终目标，他不想为钱工作一生。

半年后，他递交了辞呈，老板十分诧异，并百般挽留。但道密尔有他自己的想法，他按着自己的计划矢志不渝地向着最终目标前进。他做起基层推销员，他想借此多了解一下美国，想借推销所遇到的形形色色的顾客，来揣摩顾客的心理变化，磨炼自己做生意的技巧。

两年后，道密尔建立了一个庞大的推销网。在他即将进入收获期，每月将有2800美元以上的收入，成为当地收入最高的推销员时，他又出人意料地将这些辛辛苦苦开创的事业卖掉，去收购了一个面临倒闭的工艺品制造厂。

从此，凭着在以前的工作中学到的知识和积累的经验，在道密尔的领导下，公司改进了每一项程序，对很多存在的缺点进行了一系列整改，人员结构、过去的定价方式都做了相应的调整。一年后，工厂起死回生，获得了惊人的利润。5年后，道密尔在工艺品市场上获得了极大的成功。

如果是一个纯粹为做事而工作的人，他绝不会放弃日用品推销员的职位的，正是一颗想要做事业的心成就了道密尔。

一位著名的企业家说过这样一句话：我的员工中最可悲也是最可怜的一种人，就是那些只想获得薪水，而对其他一无所知的人。

同一件事，对于工作等于事业的人来说，意味着执着追求、力求完美。而对于工作不等于事业的人而言，意味着出于无奈不得已而为之。

当今社会，轰轰烈烈干大事、创大业者不乏其人，而能把普通工作当事业来干的人却是凤毛麟角。因为干事创业的人需要有较高的思想觉悟、高度的敬业精神和强烈的工作责任心。

工作就是生活，工作就是事业。改造自己、修炼自己，坚守痛苦才能凤凰涅槃。这应当是我们永远持有的人生观和价值观。丢掉了这个，也就丢掉了灵魂；坚守了这个，就会觉得一切都是美丽的，一切都是那么自然。这样一想，工作就会投入，投入就会使人认真。同样，工作就会有激情，而激情将会使人活跃。

有一句话说得好："今天的成就是昨天的积累，明天的成功则有赖于今天的努力。"把工作和自己的职业生涯联系起来，对自己未来的事业负责，你会容忍工作中的压力和单调，觉得自己所从事的是一份有价值、有意义的工作，并且从中感受到使命感和成就感。

做事情也许只是解决燃眉之急的一个短期行为，而做事业则是一个终生的追求。

财商高的人努力修建属于自己的码头

平台是一个人赖以施展自己才能的地方，因此，成功者总会为自己建立起一个赚钱的平台。人不满足于自己的处境，往往是不甘心于被人支配，想拥有更多的地盘、更多的资源，也想有更多的支配权。

有一个人一直想成功，为此，他做过种种尝试，但都以失败告终。为此，他非常苦恼，于是就跑去问他的父亲。他父亲是个老船员，虽然没有多少文化，却一直在关注着儿子。他没有正面回答儿子的问题，而是意味深长地对他说："很早以前，我的老船长对我说过这样一句话，希望能对你有所帮助。老船长告诉我：要想有船来，就必须修建属于自己的码头。"

人生就是这样有趣。做人如果能够做到抛弃浮躁，锤炼自己，让自己发光，就不怕没有人发现。与其四处找船坐，不如自己修一座码头，到时候何愁没有船来停泊。

人这一生，身份、地位并不会影响你所修建的码头的质量。恰恰相反，你所修建的码头的质量反而会影响到你这里停靠的船只。你所修建的码头的质量越高，到这里停靠的船只就会越好，而且你修建的码头越大，停靠的船只也就越多。

所以，一定要努力为自己修建一座高质量码头，要让别人为你挣钱。

要想在生意场上出人头地，唯一的办法，就是把碗做大。要不要把碗做大，是个战略问题；如何才能把碗做大，则是个战术问题。

人人都想让别人为自己赚钱，可是别人凭什么为你赚钱呢？人都不是傻子，他帮你做事，必定有求于你。

不付出就不要想得到，你只知道自己挣钱，挣了钱就揣在兜里，生怕掏一分钱出来，迈不出这一步，你就永远不可能成功。

法国商人帕克从哥哥那里借钱开办了一间小药厂。他亲自在厂里组织生产和销售工作，从早到晚每天工作18个小时，然后把工厂赚到的钱积蓄下来扩大再生产。几年后，他的药厂已经极具规模，每年有几十万美元的盈利。

经过市场调查和分析研究后，帕克觉得当时药物市场发展前景不大，又了解到食品市场前途光明，因为世界上有几十亿人口，每天要消耗大量的各式各样的食物。

经过深思熟虑后，他毅然出让了自己的药厂，再向银行贷了款，买下了一家食品公司的控股权。

这家公司是专门制造糖果、饼干及各种零食的，同时经营烟草，它的规模不大,但经营品种丰富。

帕克掌控该公司后,在经营管理和行销策略上进行了一番改革。他首先将生产产品规格和式样进行扩展延伸,如把糖果延伸了巧克力、口香糖等多个品种;饼干除了增加品种,细分儿童、成人、老人饼干外,还向蛋糕、蛋卷等发展。接着,帕克在市场领域大做文章,他除了在法国巴黎经营外,也在其他城市设分店,后来还在欧洲众多国家开设分店,形成广阔的连锁销售网。随着业务的增多,资金变得更加雄厚,帕克又随机应变,收购了周边国家的一些食品公司,形成大集团。如果没有借钱开办的那个小药厂,帕克也许还只是个普通人。创建自己的平台,才能施展才华,走向成功。

这是一个知识经济的时代,财商高的人赚钱,靠的是智力——用他的智力,使更多人为他所用。

财商高的人不需要赤膊上阵,他只需要一个平台,有了平台自然就有了上台表演的人。财商高的人的平台,通常叫公司,有时也叫机构或者别的什么,总之是个组织。组织有自己的规章制度,也有奋斗目标,比如利润达到多少、进入世界多少强,等等。

在组织里,每个人该干什么、不该干什么,什么时候干活、什么时候休息,干多少活、得多少报酬,犯什么错、受什么处罚,都规定得清清楚楚。有了这些目标和规定,众人就能够拧成一股绳了,步调一致地把财商高的人抬进更富有的阶层。

如果你想以最小的投资风险换取最大的回报,就得付出代价,包括广泛地学习,如学习商业基础知识等。此外,要成为富有的投资者,你得首先成为一个好的企业主,或者学会以企业主的方式进行思考。在股市中,投资者都希望在兴旺发达的企业里入股。

如果你具备企业家的素质，就可以创建自己的企业，或者像财商高的人一样，能够分析其他企业的情况。富翁中约有80％的人是通过创建公司，把公司当作平台而起家的。也就是说，在企业所有者眼中，资产比金钱更有价值。因为投资者所要做的，正是把时间、投资知识、技能以及金钱花在可变为资产的证券上。

建立起一个平台，然后在这个平台上施展自己的才华，你很快就能成为亿万富翁。

财商高的人最"富"的是思考

财商高的人为什么能成功？思考是其中一个重要的因素，财商高的人都善于努力思考，思考为他们带来了巨额的财富。

思考是大脑的活动，人的一切行为都受它的指导和支配。成功人士为什么会成功？说到底是因为他们具有独特的思考技巧，是思考决定了他们的成功。

人类思考是一种理性的劳动。学而不思，死啃书本，其结果只能是学一是一、学一知一，不能达到举一反三、触类旁通的境界，最后不是故步自封、掉进教条主义的泥坑，就是变成死抠字句、思想僵化的书呆子。

所以，在成功人士看来，能够用自己的脑子整合别人的知识也是一种思考的技巧。

28岁时，霍华德还在纽约自己的律师事务所工作。面对众多的大富翁，霍华德不禁对自己清贫的处境感到辛酸。他想，这种日子不能再过下去了。他决定闯荡一番。有什么好办法呢？左思右想，他想到了借贷。

这天一大早，霍华德来到律师事务所，处理完几件法律事务后，他关上大门到街对面的一家银行去。找到这家银行的借贷部经理之后，霍华德声称要借一笔钱修缮律师事务所。在美国，律师是惹不得的，他们人头熟、关系广，有很高的地位。因此，当他走出银行大门的时候，他的手中已握着1万美元。完成这一切，他前后总共用了不到1个小时。

之后，霍华德又走了两家银行，重复了刚才的手法。霍华德将这几笔钱又存进一家银行，存款利息与它们的借款利息大体上也差不了多少。只几个月后，霍华德就把存款取了出来，还了债。

这样一出一进，霍华德便在上述几家银行建立了初步信誉。此后，霍华德便在更多的银行进行这种短期借贷和提前还债的交易，而且数额越来越大。不到一年，霍华德的银行信用已十分可靠了，凭着他的一纸签条，就能一次借出20万美元。

信誉就这样出来了。有了可靠的信誉，还愁什么呢？不久，霍华德又借钱了。他用借来的钱买下了费城一家濒临倒闭的公司。10年之后，他成了大老板，拥有资产1.5亿美元。

一个人所有的观念、计划、目的及欲望，都源于思想。思想是所有能量的主宰，适度地运用还可以治愈慢性的疾病。思想是财富的源泉，不论是物质、身体还是精神方面。人类追求世界上的财富，却浑然不觉财富的源泉早就存在自己的心中，在自己的控制之下，等待发掘和运用。

保罗·盖蒂年轻的时候买下了一块他认为相当不错的地皮，根据他的经验和判断，这块地皮下面会有相当丰富的石油。他请来一位地质学家对这块地进行考察，专家考察后却说："这块地不会产出一滴石油，还是卖掉为好。"盖蒂听信了地质专家的话，将地卖掉了。然而没过多久，那块地上却开出了高产量的油井，原来盖蒂卖掉的是一块石油高产区。

保罗·盖蒂的第二次失误是在1931年。由于受到大萧条的影响，经济很不景气，股市狂跌。但盖蒂认为美国的经济基础是好的，随着经济的恢复，股票价格一定会大幅上升。于是他买下了墨西哥石油公司价值数百万美元的股票。随后的几天，股市继续下跌，盖蒂认为股市已跌至极限，用不了多久便会出现反弹。然而他的同事们竭力劝说盖蒂将手里的股票抛出，这些对大萧条极度恐惧的人们的好心劝说终于使盖蒂动摇了，最终他将股票全数抛出。可是后来的事实证明，盖蒂先前的判断是正确的，这家石油公司在后来的几年中一直财源滚滚。

保罗·盖蒂最大的一次失误是在1932年。他认识到中东原油具有巨大的潜力，于是派代表前往伊拉克首都巴格达进行谈判，以取得在伊拉克的石油开采权。和伊拉克政府谈判的结果是他们获取了一块很有前景的地皮的开采权，价格只有10万美元。然而正在此时，世界市场上的原油价格出现了波动，人们对石油业的前景产生了怀疑，普遍的观点是：这个时候在中东投资是不明智的。盖蒂再一次推翻了自己的判断，令手下中止在伊拉克的谈判。1949年盖蒂再次进军中东时，情况和先前已经大不相同，他花了1000万美元才取得了一块地皮的开采权。

保罗·盖蒂的三次失误，使他白白损失了一笔又一笔的财富。他总结说："一个成功的商人应该坚信自己的判断，不要迷信权威，也不要见风使舵。在大事上如果听信别人的意见，一定会失败。"

在以后的岁月中，保罗·盖蒂坚持"一意孤行"，屡战屡胜，最终成为大富翁。

在思想的竞争中，贫富机会是完全均等的。发掘能赚钱的创新意念，这是大多数人创造财富的一条通路。每个人的心里都有一个酣睡的巨人。它比阿拉丁神灯的威力更为强大，那些神灵都是虚构的，而酣睡的巨人却真实而可触摸。创意思考的目的，就是要唤醒你内心酣睡的巨人。

发明家爱得雯·南得是世界上最富有成果的企业家之一，他所获得的专利权近300项。如果你在他的公司创立初期买进100美元股票，那么30年后的今天你便可获得20万美元的收益。但谁也不会想到，南得连一张大学文凭都没有，他是怎样走上创富之路的呢？

南得原来是哈佛大学的一名学生，一天傍晚他过马路时，被从他面前驶过的汽车车灯刺得睁不开眼。就是这几束光芒，唤醒了南得的灵感：发明一种车灯，让它既能照亮前面的路，又不刺激行人的眼睛，岂不是两全其美？说干就干，南得第二天就办了休学手续，开始了偏光车灯的创造发明。

辛苦一年，第一块偏光片终于制成了。但当南得申请专利时，他发现已有4人申请了此项专利。南得并未气馁，埋头继续进行改进研究。3年后，功能更为完善的偏光片研制成功，专利局最终把这项专利授予了南得。又过了两年，南得争取到了40万美元的风险投资，世界上第一家车灯制造公司随之宣告成立。通过6年的不懈努力，南得终于实现了他的梦想，将他发明的车灯装到了大部分美国人的车上。

车灯的上市给南得带来了可观的利润，但南得创新的脚步并未停下。几年后，立体电影轰动了世界，但观众必须戴上南得公司生产的眼镜才能入场，南得又在这个项目上大赚了一笔。

正是思考的力量，使南得走上了成功和致富的道路。

大卫和约翰一同外出游玩。到了目的地后，大卫在酒店里看书，约翰便来到熙熙攘攘的大街上闲逛，忽然他看到路边有一个老妇人在卖一只玩具猫。

那老妇人告诉他，这只玩具猫是她们家的祖传宝物，因为家里儿子病重，无钱医治，不得已才将它卖掉。

大卫随意地抱起猫，猫身很重，似乎是用黑铁铸造的。然而，聪明的大卫一眼便发现，那一对猫眼是用珍珠做成的。他为自己的发现狂喜不已，便问老妇人："这只猫卖多少钱？"

老妇人说："因为要为儿子医病，所以 30 美元便卖。"

大卫说："那么我就出 10 美元买这两只猫眼吧。"

老妇人在心里算了一下，认为也比较划算，就答应了。大卫欣喜若狂地跑回旅店，笑着对正在埋头看书的约翰说："我只花了 10 美元，竟然买下了两颗大珍珠，真是不可思议！"

约翰发现这两个猫眼的的确确是罕见的大珍珠，便问大卫是怎么回事，大卫把自己买猫眼的事情讲给他听。听了大卫的话，约翰眼睛一亮，急切地问："那位老妇人现在在哪里？"

约翰按照大卫讲的地址，找到了那位卖猫的老妇人。他对老妇人说："我要买那只猫。"

老妇人说："猫眼已经被别人先行买去了，如果你要买，出 20 美元就可以了。"

约翰付了钱，把猫买了回来。大卫嘲笑他道："兄弟呀，你怎么花20美元去买这个没眼珠的猫呢？"

约翰却坐下来把这只猫翻来覆去地看，最后，他向服务员借了一把小刀，用小刀去刮铁猫的一个脚，当黑漆脱落后，露出金灿灿的黄金，他高兴地大叫道："大卫你看，果不出我所料，这猫是纯金的啊！"

我们可以想象，当年铸这只猫的主人，一定是怕金身暴露，便将猫身用黑漆漆了一遍，就如同一只铁猫了。见此情景，大卫后悔莫及。

约翰笑道："你虽然能发现猫眼是珍珠，但你缺乏一种思维的联想，分析和判断事情还不全面；你应该好好想一想，猫眼既然是珍珠做成的，那么猫的全身会是不值钱的黑铁所铸吗？"

在钟表发明以前，人们往往用一种叫沙漏的东西来计时。所谓沙漏，就是在一个容器内装入一些沙，让沙从上往下漏。根据沙向下漏了多少，便能看出时间过去了多久。这种计时器，世界各国都早已不再使用了。

前些年，日本有一个叫西村金助的人仍在从事沙漏的制作，但主要是作为一种玩具。由于销量越来越少，他日益陷入困境。有一天，他看见一本关于赛马的书上写着这样的话："在今天，马虽然已经失去了运输的功能，但在赛马场上它又以具有娱乐价值的面目出现。"这使他思想上受到启发。他决心从新的角度来思考沙漏的作用，寻找沙漏的新用途。他想呀想呀，一连苦思冥想了好几天，终于想出了沙漏的一种新功能：制作了固定时限的小沙漏，将它安放在电话机的旁边。这样，打电话，特别是打长途电话，便能更好地控制时间，以节约电话费用。同时，由于它小巧玲珑，也可以作为一种小摆设、小装饰品。这种简单、价廉、美观、实用的小沙漏，一上市就销路大好，一个月的销售量就达到了几万个。这使得西村金助获得了巨额的财富。

所以，思考是一个人所能拥有的最直接的财富。

我们所谓的思考，是要真正学会培养无限的思考方式，让你的思维永远充满着非凡的创造力。它让你想象自己拥有一切可能拥有的事物。从某种意义上说，思考就是要调动那些站在你和目标之间的门卫，他们沿途拦截，每一位都有权决定你事业与人生的走向。思考首先要确定或设立一个可以达到的目标，然后从目标倒过来往回想，直至你现在所处的位置，弄清楚一路上要跨越哪些关口或障碍、是谁把守着这些关口。

萧伯纳说过："人们在看事物时都视为当然，说道，'有什么奇怪的？'我从来不把事物视为当然，反倒问道，'为什么我要这样子？'"当我们看到有些人做出不凡的成就时，往往会认为他们不是走运便是天生命好，却很少有人想到是那些人善用脑力的结果。你可能不知道我们头脑运作的速度快过地球上最超级的电脑，那样快的速度已不是十亿分之一秒所能衡量的，若是想把你脑中的资料储藏起来，不动用那两幢高逾百层的摩天大楼是不够的。这块只不过1千克重的"白豆腐"，却能够在转瞬之间供给你面对任何环境所需要的资料，其能力远远超过人世间各种骇人的科技。一部电脑不管它的容量有多大，若是使用的人不知道如何存取其中的资料，那么这部电脑对他来说只是一堆废铁。要想利用电脑中所储存的资料，首先你一定得懂得如何下正确的指令，同样的道理，若是你想从自己的头脑资料库中取得所需要的资料，那么你要下的指令是什么呢？就是提出正确的问题，学会思考。唯有能提出好的问题；学会思考，才能得到好的答案。

亿万富翁亨利·福特说："思考是世上最艰苦的工作，所以很少有人愿意从事它。"成功学大师拿破仑·希尔在《思考致富》一书中说，如果你想变富，你需要思考，独立思考而不是盲从他人。富有者最大的一项资产就是他们的思考方式与别人不同。

"你的头脑就是你最有用的资产。"成功者从不墨守成规，而是积极思考，千方百计来对方法和措施予以创造性的改进。如果你一味地只做别人做的事，你最终只会拥有别人拥有的东西。努力工作的人最终绝不会富有。学会思考吧，每一天1440分钟，哪怕你用1%的时间来思考、研究、规划，也一定会有意想不到的结果出现。

第二节

想要致富，必先"智"富

树立正确的金钱观

　　现代社会从本质上说是一个经济社会，一切可以计量经济价值的东西都可以被转化成简单的金钱关系。一句话，如果你没有钱，享受生活便无从谈起，只要你有钱，你就可以换取你所需要的许许多多的东西，你就可以无忧无虑地去尽情享受生活赐给你的幸福。但这样讲，并不是如人们常说的那种财富、金钱万能，比如真正的爱情、友情之类，大家都明白是无法用金钱来买卖的。但金钱又的确是多能的，即使爱情、友情之类的东西，在现代社会中如果完全没有金钱所代表的物质基础来作支撑，则未必真正能够给你带来长久的幸福。而缺了钱，"一分钱难倒英雄汉"。

　　说金钱"带来"幸福而不是"等于"幸福，还有一个根本性的怎样使用金钱的问题。也就是说，你要做财富和金钱的主人而不是奴隶，做主人便意味着你是一个真正意义上的大气的人，一个正直而高尚的人，那么你在按照自己的意愿去支配财富和金钱时，幸福感才会油然而生。

这就是金钱的魅力。

真正懂得了这个魅力,你的金钱欲望就会迅速从你的心底充溢起来。

除魅力之外,每个人在其一生中都会有许多大大小小的心愿、理想,而自己的心愿和理想的实现,无疑会获得一种满足感、幸福感。但是,任何人为实现自己的心愿和理想去搞什么活动、办什么事业,都离不开经费,而要搞大活动、办大事业,一般人在经济上更是难以承担。所谓心有余而"钱"不足。

财商高的人就不同了,他们有能力去实现自己童年的某个梦想,或青年时代的某一兴趣,抑或壮年时的某种抱负,甚至老年时产生的某个心愿。

是的,财商高的人可以完全摆脱了经济利益的束缚,毫无功利地投入到"美好理想"的建造中。那才真是一种大幸福、大满足。

沃伦·比尔克在自己的中学母校设立了100万美元的奖学金,每年奖励10位普通但出勤率高、态度积极的学生。这一方面是对他在罗斯福中学时所走过道路的追思,另一方面也更重要——这项奖学金寄寓着他鼓励那些像他那样的普通学生也能通过自己的努力而成功致富的期望。

金融巨头索罗斯一方面在世界各地到处刮起金融风暴,另一方面又对政治抱有极高的热情。他自己曾说过:"从孩童时代起,我就抱有相当强的救世主幻想……踏进这个社会后,当现实和我的幻想离得很近时,使我敢于承认自己的秘密……这使我非常快乐。"的确,当索罗斯拥有数不清的巨额资产之时,他不无骄傲地宣称:"我的成功使我重拾儿时无所不能的幻想。"于是,他开始使用他的特殊武器——金钱，在世界各地的舞台上大展拳脚，去追求他理想中的开放社会。

能用金钱来实现自己的心愿，造福于子孙万代者，最具有代表性的莫过于诺贝尔。

诺贝尔的名字全世界几乎无人不知，他所设立的诺贝尔奖具有世界上任何大奖都无法比拟的影响。可以说，诺贝尔奖对世界历史进程的影响比诺贝尔本人的所有发明和产业都要大得多。

人称"炸药大王"的诺贝尔一生中所积累的财富是巨大的，即使在今天来看，也堪称巨富。诺贝尔一生未婚，但有其他亲属，他完全可以把这笔财产留给他们。然而，晚年的诺贝尔在考虑财产安排的时候，更多地想到的却是如何用这笔财富去推动人类的文明和进步。

诺贝尔是个伟大的发明家，他发明的炸药在工业和建筑等行业中发挥了很大的作用，但炸药也可以被用于战争，成为杀伤人的有力武器。任何事物都具有两面性，是好是坏全在怎样运用，这本是无可奈何之事。然而，诺贝尔对此怀着深深的不安，因此，他希望把自己的财富献给整个人类的和平、幸福和进步事业！

诺贝尔为了实现他的这一伟大心愿，在他生前的最后10年里，曾先后3次立下过非常相似的遗嘱，最终设立了如下5项大奖：

（1）在物理方面做出最主要发现或发明的人；

（2）在化学方面做出最重要发现的人；

（3）在生理或医学领域做出最重要发现的人；

（4）在文学方面曾创作出有理想主义倾向的最杰出作品的人；

（5）曾为促进国家之间的友好、为废除或裁减常务军队以及为举行与促进和平会议做出最大或最好工作的人。

同时,诺贝尔在遗嘱中还明确规定:"在颁发这些奖金的时候,对于受奖候选人的国籍丝毫不予考虑,不管他是哪国人,只要他值得,就应授予奖金。"这就使得诺贝尔奖跨越了国界的限制,成为有史以来世界上影响最大的奖项之一。

钱,就是这样,当你把它用在正道上时,你就会看到它不断闪耀着的美丽的光辉,发射出无限的光芒,真正体现它的价值。

因此,树立正确的金钱观,是你提高财商、改变人生的第一步。如果你现在还不是财商高的人,只要你有正确的金钱观,你就已经迈向成为财商高的人的第一步。人生中每一个第一步都是最重要的,但往往也是最难的。走好第一步,以后的路才会越走越顺。

财商高的人教育观念不一样

为了让改变人生的教育真正发挥作用,就必须影响到智力、情感、行为和精神4个方面。传统教育主要关注智力教育,传授阅读、写作、算术等技巧,它们当然都非常重要,但智力教育能否真正影响人们的情感、行为和精神等方面呢?

传统教育的弊端,就是它放大了人们的畏惧情绪。具体说来,就是对出错的畏惧,这直接导致了人们对失败的畏惧。传统学校的老师不是激发学生们的学习热情,而是利用他们对失败的畏惧,对他们说出诸如此类的话:"如果你在学校没有取得好成绩,将来就不会找到一份高薪的工作。"很多人也像传统学校的老师那样不断地叮嘱自己的孩子,要努力学习,考上大学拿个文凭,毕业才能找到好工作。

另外，很多人当年在校期间，常常由于出错而受到惩罚，因而从情感上变得害怕出错。问题是，在现实世界中，出类拔萃的人往往就是那些犯了很多错误，并且从中吸取到很多教训的人。

很多人认为犯错是人生的败笔。与之相反，财商高的人则认为："犯错是我们进步的必由之路，正是因为我们反反复复地摔倒，反反复复地爬起来，我们才学会了骑自行车。当然，犯错而没有从中吸取教训是一件非常糟糕的事情。"

许多人犯错后撒谎，就是因为他们从情感上害怕承认自己犯错，结果他们白白浪费了一个很好的、使自己提高的机会。犯错之后，勇于承认它，而不是推到别人身上，不去证明自己有理或者寻找各种借口，这才是我们进步的正确途径。

在直销领域，领导者关注的是与那些业绩欠佳的人一起合作，鼓励他们进步，而不是轻率地解雇他们。事实上，如果因为摔倒而受到惩罚，你可能就永远学不会骑自行车。

财商高的人在财务上比很多人成功，并不是因为他们比别人聪明，而是因为他们比别人经历了更多的失败。也就是说，他们之所以能够领先，是因为曾经犯过更多错误。打消了自己对于犯错的畏难情绪，才有可能飞得更高。

成功的领导者往往都具有激发他人斗志的能力，能够触动跟随者内心中的伟大之处，激发他们奋勇向前，超越人性弱点，超越自身的怀疑和恐惧。这就是改变人生的教育的巨大力量。

"教育"一词的本意是"教导、引导"，传统教育存在的问题之一，就是它往往建立在畏惧的基础上，畏惧失败，而不是积极应对挑战，从自身错误中吸取教训。

改变人生的教育与传统教育之间的不同价值，表现在两个方面，一是前者强调从错误中吸取教训，而不是单纯惩罚犯错的人；二是前者强调人类精神，而这种精神力量足以帮助人们克服智力、情感和行为能力的任何缺陷。

第三节

提高财商,你也可以成为亿万富翁

首先应该学习成功者的思维方式

犹太经典《塔木德》中有这样一句话:"要想变得富有,你就必须向富人学习。在富人堆里即使站上一会儿,也会闻到富人的气息。"穷之所以穷,富之所以富,不在于文凭的高低,也不在于现有职位的卑微或显赫,很关键的一点就在于思维。

思维是一切竞争的核心,因为它不仅会催生出创意、指导实施,更会在根本上决定成功。它意味着改变外界事物的原动力,如果你希望改变自己的状况,获得进步,那么首先要做的是:改变自己的思维。

很多人贫穷,不仅仅是因为他们没有钱,而且在于他们根本就缺乏一个赚钱的头脑。成功者富有,也不仅仅因为他们手里拥有大量的现金,而且因为他们拥有一个赚钱的头脑。

人的一生之中,大部分成就都会受制于各种各样的问题,因此,在解决这些问题的时候,你首先要改变思维,像一个成功者那样去思考,问题才能够得到解决,事业才能够得到发展。

约翰的母亲不幸辞世，给他和哥哥约瑟留下的是一个可怜的杂货店。微薄的资金，简陋的小店，靠着出售一些罐头和汽水之类的食品，一年节俭经营下来，收入微乎其微。

他们不甘心这种穷困的状况，一直探索发财的机会，有一天约瑟问弟弟：

"为什么同样的商店，有的人赚钱，有的人赔钱呢？"

弟弟回答说："我觉得是经营有问题，如果经营得好，小本生意也可以赚钱的。"

可是经营的诀窍在哪里呢？

于是他们决定到处看看。一天，他们来到一家便利商店，这家店铺顾客盈门，生意非常好。

这引起了兄弟二人的注意，他们走到商店的旁边，看到门外有一张醒目的红色告示写着：

"凡来本店购物的顾客，请把发票保存起来，年终可凭发票，免费换领发票金额5%的商品。"

他们把这份告示看了几遍后，终于明白这家店铺生意兴隆的原因了。原来顾客就是贪图那年终5%的免费购物。他们一下子兴奋了起来。

他们回到自己的店铺，立即贴上了醒目的告示："本店从即日起，全部商品降价5%，并保证我们的商品是全市最低价。如有买贵的，可到本店找回差价，并有奖励。"

就这样，他们的商店出现了购物狂潮，他们乘胜追击，在这座城市连开了十几家门市，占据了几条主要的街道。从此，凭借这"偷"来的经营秘诀，他们兄弟的店迅速扩充，财富也迅速增长，成为远近闻名的富豪。

一个人成功与否掌握在自己手中。思维既可以作为武器，摧毁自己，也能作为利器，开创一片属于自己的未来。如果你改变了自己的思维方式，像亿万富翁一样思考，你的视野就会无比开阔，最终成为富有者。

高素质比高学历更重要

有高学历固然好，然而具备高素质比高学历更重要。高强的学习能力是形成高素质的必要前提，但是一个学历并不高，却极具智慧的人同样能够掌握手中的命运，他们凭借着善于思考的大脑、灵感的迸发、机遇的挑战以及卓绝的才能，实现了一个又一个理想。

在现实生活中，经常有人这样认为："只要把学上好了，财富自然就有了。"这个论断到底正确与否？在回答之前，我们先来看这样一项调查。

据有关部门对中国15个省（市）千万富翁调查的结果显示：

受教育程度硕士及以上者为310人，占3.1%；大学本科2420人，占24.6%；大学专科2503，占25.4%；高中2304，占22.6%；初中1201，占12.2%；中专926，占10.4%；小学172人，占1.7%。

1973年，英国利物浦市一个叫科莱特的青年考入了美国哈佛大学，常和他坐在一起听课的，是一位18岁的美国小伙子。大学二年级那年，这位小伙子和科莱特商议，一起退学，去开发32Bit财务软件，因为新编教科书中，已解决了进位制路径转换问题。当时，科莱特感到非常惊诧，因为他来这儿是求学的，不是来闹着玩的。

再说对 Bit 系统，墨尔斯教授才教了点皮毛，要开发 Bit 财务软件，不学完大学的全部课程是不可能的。他委婉地拒绝了那位小伙子的邀请。

10 年后，科莱特成为哈佛大学计算机系 Bit 方面的博士研究生，那位退学的小伙子也在这一年，进入美国《福布斯》杂志亿万富翁排行榜。1992 年，科莱特继续攻读博士后；那位美国小伙子的个人资产，在这一年则仅次于华尔街大亨巴菲特，达到 65 亿美元，成为美国第二富翁。1995 年，科莱特认为自己已具备了足够的学识，可以研究和开发 32Bit 财务软件，而那位小伙子则已绕过 Bit 系统，开发出 Eip 财务软件，它比 Bit 快 1500 倍，并且在两周内占领了全球市场，这一年他成了世界首富。一个代表着成功和财富的名字——比尔·盖茨也随之传遍全球的每一个角落。

在这个世界上，每个人都有自己的选择，但是大多成功人士都是通过拼搏创造的精神，才取得今日的成功。我们不禁在想，从小学到大学甚至读博士，学习的最终目的就是能认清社会，实现自身价值。过去有许多人认为，只要具备了精细的专业知识，本科生、研究生、硕士、博士就能成为亿万富翁。我们不必争论这种说法的对错，然而纵观世界知名人士，学历与成就并不成正比。

犹太人有则笑话，谈的是智能与财富的关系。

从前，有两位拉比在交谈：

"智能与金钱，哪一样比较重要？"

"当然是智能重要。"

"既然如此，有智能的人为何要帮富人做事，而富人却不替有智能的人做事？为什么学者、哲学家老是在讨好富人，而富人却对有智能的人摆出狂态呢？"

"这很简单。有智能的人知道金钱的价值，而富人却不知道智能的重要。"

这个故事告诉我们，有智能的人应该知道金钱的价值，不应该和金钱脱节。只有让智能和金钱结合，智能的价值才能在现实世界中显露出来。而接受学校教育并没有将智能和金钱结合起来，所以接受过学校教育的并不一定都会成为富翁。

从现实中的事例来看，挣钱也许并不需要多么高的学历。许多人都有大学学历，但并不是财富的拥有者。罗伯特·清崎说：我有一个大学学位，但是诚实地说，获得财务自由与我在大学里学到的东西没有多少关系。我学习过多年的微积分、几何、化学、物理、法语和英国文学等，但天知道这些知识有多少我还记得。

许多成功人士没有受过多少学校教育，或在获得大学学位前就离开了学校。比如，通用电气的创始人托马斯·爱迪生，福特汽车公司的创始人亨利·福特，微软的创始人比尔·盖茨，戴尔计算机公司的创始人迈克尔·戴尔，苹果电脑的创始人史蒂夫·乔布斯，以及保罗服装的创始人拉尔夫·劳伦。

这也就是说，高学历并不代表着高成功率，学历代表过去，能力代表将来。日本西武集团主席堤义明认为，学历只是一个人受教育时间的证明，不等于一个人有多少实际的才干。日本索尼公司董事长盛田昭夫在总结自己的成功时，曾写过一本书叫《让学历见鬼去吧》。盛田昭夫提出要把索尼公司的人事档案全部烧毁，以便在公司里杜绝学历上的任何歧视，因为那样会阻碍公司的发展。他在索尼公司大力提倡不论学历高低，只比能力大小的做法。

学知识、拿文凭是一种好现象，轻视低学历却是一种怪现象了。一个人的理论知识可以通过在学校接受教育或者自学来培养，日后的发展只能在实践中锻炼。要把理论与实践有机地结合起来，通过努力不断适应社会发展和市场发展的需要。只要你找到了适合自己的工作，并在有创意地工作，你就能超越一般的劳动者，成为人才。

在某些人眼里，高学历成了"香饽饽"，似乎拥有它，就与高层次、高素质人才画上了等号，其实不完全是这样的。

不可否认，学历是证明一个人所学知识的一种标准，却不是唯一标准，更不是绝对标准。一个人具备高学历，只能说明他具有这样一段学习经历和一定规模的知识能力储备，至于其真正能力水平如何，以及能否很好地应用到工作中去，还有待实践锻炼和检验。如果片面追求高学历，而忽视真才实学的培养，只能出现诸如"注水文凭""高学低能"等负面现象，其危害已为许多事例所证明。

用在学校的学习时间或得到的文凭、证书、学位的多少来衡量一个人的赚钱能力，事实上，这种只注意数量的教育并不一定能造就出一个成功者。通用电气公司董事长拉尔夫·考迪那样表达了商业管理人员对教育的态度："我们最杰出的总裁中，威尔逊先生和科芬先生两个人，他们从未进过大学。虽然我们目前有的领导人有博士学位，但41位里面有12位没有大学学位。我们感兴趣的是能力，不是文凭。"

需要再次强调的是，文凭或学位也许能帮助你找一份工作，但它不能保证你在工作上的进步和你赚取财富的多少。商业最注重的是能力，而不是文凭。教育意味着一个人的脑子里储藏着多少信息和知识，但死记硬背事实、数据的教育方法不会使你达到目的。目前，社会越来越依靠书本、档案和机器来储存信息,如果你只能做一些一台机器就能做的事情,那你真的就陷入困境了。

真正的教育、值得投资的教育是那些能开发和培养你的思维能力的教育。一个人受教育程度如何,要看他的大脑得到了多大程度的开发,要看他的思维能力,但亿万富翁并不是一纸文凭所能成就的,只要你时刻锻炼自己的大脑思维能力,即使你没有接受多少学校教育,你也能成为亿万富翁。相反,如果你只去死记硬背知识,而不开发自己的大脑,即使你是博士生,也不会成功。

纵观成功者的经历可知,只有学校教育是教育不出亿万富翁的。要想成为亿万富翁,还必须依靠自己的努力。

赚钱能力是通过积累和学习而来的

在现实生活中,人们总认为富人赚钱一定有秘诀,不然不会那样轻易就成功的。其实,哪有什么秘诀呢。

假设真的有秘诀的话,那就是善于学习别人的经验,也就是说,用已经证明有效的方法来帮助自己成功。很多人之所以没有成功,是因为他们不去学习别人的经验,而只是在用自己的经验。

只要你能够了解成功的人做哪些事情、采取哪些行动,只要你能跟他们做同样的事情,你也可以成功。

但财商高的人的"爱学习"不是盲目地学,而是知道自己应该学什么、学这些东西干什么用。

财商高的人学东西,都是主动地学,哪怕所学的东西在当时看起来可有可无。

财商高的人无论学什么，都是用心去掌握所学知识与技能的精髓，并要求自己能达到学以致用，而且能举一反三。他能把所学的东西变成改变自己命运的力量，变成自己真正的财富。

学习自己所需要的技能和本领，就是财商高的人的特点。

涉世之初，也许你并不了解世事的艰难，并不明白金钱的来之不易。当然这没有什么大不了的，你要知道，要想将来获得巨大的成功，首先要做一个谦虚的学生。任何一个成功者都是从做学徒开始的。

日本著名实业家松下幸之助曾说："经验是很重要的。做一件事，不管结局是成功还是失败，都是宝贵的经验。"既然只靠学校教育成不了亿万富翁，那必然要在实践中积累和学习赚钱的能力，这时经验就是你宝贵的财富之匙。

俗话说，"吃一堑，长一智"，要想成为真正的亿万富翁，在人生的挫折中学习和积累经验尤其重要。

在生命的长河中，谁都不会是一帆风顺的。有一位泰国企业家玩腻了股票，转而炒房地产，他把自己所有的积蓄和从银行贷的钱都投了进去，在曼谷市郊盖了15栋配有高尔夫球场的豪华别墅。但时运不济，他的别墅刚刚盖好，亚洲金融危机爆发了，他的别墅卖不出去，还不起贷款。这位企业家只能眼睁睁地看着别墅被银行没收，连自己住的房子也被拿去抵押，还欠了很多债。

这位企业家的情绪一时低落到了极点，他从未没想到做生意一向轻车熟路的自己会陷入这种困境。

让人敬佩的是，他并没有因此而消极，他决定重新白手起家。他的太太是做三明治的能手，她建议丈夫去街上叫卖三明治，企业家经过一番思索，最终答应了。从此曼谷街头就多了一个头戴小白帽、胸前挂着售货箱的小贩。

昔日亿万富翁沿街卖三明治的消息不胫而走，买三明治的人骤然增多，有的顾客出于好奇，有的出于同情。许多人吃了这位企业家的三明治后，为这种三明治的独特口味所吸引，便经常买他的三明治，回头客不断增多。现在这位泰国企业家的三明治生意越做越大，他慢慢地走出了人生的低谷。

他叫施利华，他以自己不屈的奋斗精神赢得了人们的尊重。

施利华的经验并非从学校那儿学来的，而是从失败和挫折中学来的。只有经历过风雨的人，才能变得更坚强，像施利华那样，一次失败带给了他以后持续的成功。

经验的累积，在过程上非常复杂。失败中可能有成功，成功之中也可能包含着失败。一个人只要每天反省他的为人处世，找出成功、失败的原因，再加以分析检讨，默记于心，当作将来待人处世的参考，这就是经验。如果不知道反省，只知道糊里糊涂地过日子，经验从哪里来呢？所以从"经验"的意义来看，经营者把业务交给部属，就是让他们有增加经验的机会。相反，如果要求部属只许依令行事，那就等于把部属当成一部机器，其只会被动地运转，然后渐渐老化，最后报废，又怎能增加经验呢？让员工成长、增加经验的方法，就是多让他们根据自己的想法来做事。在遭遇挫折时，提示他自行检讨解决——这正是使每个人都分担责任的正途。

经验的累积，见闻是必不可少的，但仅此远远不够，最重要的还应该是体验。"百闻百见，不如一次体验"，正是松下幸之助的经验之谈。松下幸之助把体验置于闻见之上，指出其对人生的重要。他说：

"我们不能日复一日，虚度人生，要不断累积体验。无论是站在什么立场，这都是很重要的。"

见闻和体验都是获取知识和能力的途径。这些途径有着快慢、直接间接的不同；更重要的不同是，从体验中获取的知识、养成的智慧、锻炼的能力，比单纯的智慧更有实践意义。这并非否认口耳相传、书本相传的智慧和能力，而是说体验得来的智慧和能力对于个体来说更有价值，对于生活实践来说更有作用。

如果你真有上进的志向，真的渴望造就自己，决心充实自己，你就必须认识到，无论何时、无论什么人都可能增加你的知识和经验。假如你有志于出版业，那么一名普通的印刷工会帮助你了解书籍装帧的知识；假如你热衷于机械发明，那么一名修理工的经验也会对你有所启发。

我们常听到有人抱怨薪水太低、运气不好、怀才不遇，却不知道他们自己其实正处于一所可以求得知识、积累经验的大校园里，今后一切可能的成功，都要看自己今日学习的态度和效率。无论目前职位多么低微，汲取新的、有价值的知识将对你的事业大有裨益。

第二章
财商与自我管理：要想富，先自律

第一节

学会掌控自己的时间和生活

时间是财商高的人最大的财富

在财商高的人的眼中,时间就是一切,时间是财富、是资源、是机遇、是创富的最大资本。抢得了时间就会抢得致富先机,浪费时间无异于挥霍财富。

据说,在瑞士,婴儿一出生,就会在户籍卡中为孩子登记姓名、性别、出生时间及财产等诸项内容。特别有趣的是,所有瑞士人在为孩子填写拥有的财产时,都会填上两个字:"时间。"

你肯定听说过沃伦·巴菲特。他是华尔街活生生的神话,世界第二或第三富翁。他用传统的方式建立了自己的财富。如果你在1965年用自己的1万美元买进巴菲特的基金股票,以后几十年都不碰它,到了1998年,你的投资将达到5100万美元! 35年前,巴菲特基金每股价值为19美元。到了1998年底,每股7万美元。

生命就是时间,时间就是财富。对时间的计算,就是对生命的计算,对财富的计算。这个例子意味着,你如在1965年投资300美元,到今天即可剧增为100万美元!

时间和金钱是两种可以相互转化的资源。在财商高的人眼里，钱和时间成反比。如果你感觉时间太多，有时甚至多余，不知道怎么打发，那你的事业一定有问题。一个享受充裕时间的人不可能挣大钱，一个腰缠万贯的人也不会视时间如粪土。要拥有更多的钱必须牺牲相应的闲暇时间，要想悠闲轻松就会失去更多挣钱的机会。

很多人最缺的是钱，最不缺的是时间。在他们看来，时间这东西最不值钱，整天不知如何打发。有的干脆把时间消耗在许多无益的事情上，搓麻将，看电视，甚至睡懒觉。

富兰克林有一套特别的时间算账办法，可以给我们以启发："记住，时间就是金钱。假如说，一个每天能挣10个先令的人，玩了半天，或躺在沙发上消磨了半天，他以为他在娱乐上仅仅花了6个便士而已。不对！他还失掉了他本可以获得的5个先令。记住，金钱就其本性来说，绝不是不能升值的。钱能生钱，而且它的子孙还会有更多的子孙……谁杀死一头生仔的猪，那就是消灭了它的一切后裔，以及它的子孙后代。如果谁毁掉了5先令的钱，那就是毁掉了它所能产生的一切，也就是说，毁掉了一座英镑之山。"

富兰克林的这段话，通俗而又直接地阐释了这样一个道理：如果想成功，必须重视时间的价值。

浪费时间更大的损伤在于我们在这段时间中损耗的精力。努力工作的人，心思敏捷，精力充沛，但是一个无所事事者的神经将日胜一日地麻木，一个游手好闲者的肌肉将日胜一日地萎缩。沉迷于安逸和享受的人，其意志会越来越消沉，最终萎靡不振。简而言之，那些心甘情愿走在时间后面的人，那些不能与时俱进的人最终只能走在成功的后面。

没有人会担心工作时专心致志的年轻人的前途。同样没有人担忧他在哪里吃的午饭，晚饭后他不在家里又是去了哪里、做了些什么，还有周末和节假日他在什么地方怎么度过的。也许你会发现，这些问题的答案——一个年轻人度过闲暇时光的方式，完全反映了他的品质。而那些失足铸错、自我放纵者的堕落都是在晚饭后的闲暇时光里酝酿而成的。

那些成功和名誉登峰造极的人，他们大多焚膏继晷，抓紧一切时间孜孜以求，或学习，或工作，可以肯定的是，他们提高了自我。对于年轻人来说，每一个夜晚的闲暇时间都是一种严厉的考验。惠蒂埃有这样睿智的警言：

就是今天，命运的画卷不断展开，生命之网依旧编织；

就是今天，你的行为决定着日后是锦绣前程还是罪孽重重。

时间就是财富。谁能像种子一样铆足了劲，从土地中分秒不停地汲取丰富的营养，不分点滴地积累，它就能有一番作为。就像没有理由随便丢弃1美元一样，你也不应该肆意践踏任何1个小时。浪费时间就是浪费精力，浪费财富，浪费生命，浪费了许多永不再来的机会。扪心自问，你是如何对待你的时间的，因为那里有你的未来。

网上曾流传过这样一个帖子，也许不十分恰当，却值得我们深思：

你想知道"一整年"的价值，就去问留级的学生。

你想知道"一个月"的价值，就去问曾经早产的母亲。

你想知道"一周"的价值，就去问周报的编辑。

你想知道"一天"的价值，就去问有10个孩子待哺的领日薪工人。

你想知道"一小时"的价值，就去问在等待见面的情侣。

你想知道"一分钟"的价值，就去问刚错过火车的人。

你想知道"一秒钟"的价值,就去问刚躲过一场车祸的人。

你想知道"百分之一秒"的价值,就去问奥运的银牌得主。

不要轻易放弃一分钟乃至一秒钟,稍纵即逝、看来颇不起眼的零星时间,但只要自觉地、及时地抓住不放,它就会乖乖地为你所支配。也许就是这至关重要的一分一秒,会给你带来不可估量的财富。

把握有效的时间,体现在你如何使用有限的时间上。只肯花一点点钱以维持生命的守财奴其实等于是个穷光蛋,他的万贯家财也就形同乌有。同样,舍不得花费时间去获取更多的幸福、去追求更多的幸福的人也是虚度年华。

既然时间是有限的,既不可拉长也不能缩短,那么我们就更应该珍惜它、很好地利用它。一个人没有奋斗目标就是在浪费时间。毫无目的、漫不经心地闲赋是多么浪费时间!毫无目的地在街头乱逛又是多么徒劳无益!

有效地利用时间、珍惜时间只有一个方法,那就是在你的生活中确立你的目标,一个符合实际的目标,不要好高骛远,并且尽心尽力地去实现这一目标。有时你会发现,工作最多的人往往时间最富裕。这是因为他们有明确的目标,他们为了实现这个目标而正确地安排了他们的工作,而不是在犹豫不决中浪费他们的时间,他们更会合理地调动安排时间,避免不必要的时间浪费,自己挤出时间工作,自己创造条件,按照自己的生活目标行事。

如果我们将种种借口虚度的时间、浪费的分分秒秒能换成美元的话,相信你的财富会超过比尔·盖茨。

牵着时间的鼻子走，而不是让时间牵着你走

上帝给我们每一个人的时间都是每天 24 小时，人与人之间的差别不是他们拥有多少时间，而是如何利用时间。大多数人的成就就是在别人浪费掉的时间里取得的。

如果想成功，必须重视时间的价值。关于时间的事实的确让人吃惊，每天这里几分钟，那里几分钟，加起来便是很多时间！例如，你是否知道一个普通人在生命中用于就餐的时间平均是多少？1 年、2 年？答案是 6 年。吃惊吗？这里是一些琐事占用的时间统计：

就餐 6 年；

排队等候 5 年；

打扫卫生 4 年；

做饭 3 年；

打电话 2 年；

寻找放错地方的东西 1 年；

处理垃圾邮件 8 个月；

等待红灯变绿灯 6 个月；

零碎的时间合起来就是一个巨大的数字。就这样，X 年从你生命中消失了！这证明了这里 15 分钟，那里 30 分钟、两个小时，加起来是多么可观的时间。

有效地利用空余时间是成功者有更多时间、做更多的事情、所得回报更多的关键之一。

成功者之所以成功，在于他们能够管理时间。而大多数人都把时间大把大把扔在那些慢腾腾的动作中，扔在毫无意义的闲聊中，扔在夸夸其谈中，扔在那些微不足道的动作和事件的小题大做中，扔在对琐碎小事无休止的忙碌中……

后者把时间用在并不重要也不紧急的地方，而把真正与实现重要目标有关的活动排到次要地位。所以即使辛辛苦苦制订了计划，结果也大多以失败告终。

很多人知道自己的目标在哪里，他们的目标设定优先顺序，也有详细的计划，但是他们一直问自己：为什么不能跟别人一样成功？有些人认为自己比别人聪明，却不如别人成功，这其中的关键就在于他们浪费了太多的时间。

没有目标的时间管理是无效率的，在一段时间里，当你做什么都可以时，你就什么也做不成。一天只有24小时，成功的人一天也是只有24小时，为什么他们会成功？因为他们浪费的时间比较少，因为他们都在做最有效率的事情。

失败的人一天到晚无所事事，本来只需要30分钟的工作，他却花了3个半小时，遇到挫折的时候往往郁郁不振，甚至一个星期都心情不好，更进一步地影响了工作。这些都是浪费时间的习惯，甚至有些人知道该做哪些事情，也知道现在应该做，可还是在继续拖延。

你是否也有过这样的经历：本来预计在晚上8点前完成一项工作，但吃完饭后，出去散散步，遇到有趣的事，也许就忘了时间。回到家里刚打算做点什么，又因为电视节目比较精彩，所以决定看一会儿（这可是现场直播，明天看就没有这个效果了）。

总算坐下来要做自己的工作，发现你最喜欢用的那支笔找不到了，尽管桌上还有其他的笔，你还是要找到它，否则你就觉得工作不舒服（又是一个不错的借口）。

总算找到了笔，你忽然想起来要给朋友打一个电话，有件事要交代一下（这件事也不见得有多重要），聊起来又是二三十分钟。

当你觉得不得不做时，你可能又太累了，集中不了精神，于是去沏杯咖啡或浓茶，可是这东西的效果并不明显。于是你想一想，也许明天起个大早效果会更好。

就这样你决定去睡了……

许多人都是这样浑浑噩噩地过，等到时间过去之后，又开始追悔莫及。

当一个人达到必须负担个人责任的年龄，他应该把他的时间分成三段：睡眠的时间、工作的时间、休闲活动的时间。

而每天24小时的通常分配方式是：8小时睡眠，8小时工作，8小时的休闲活动。有些人，或许大部分人，发现每天得工作10小时才能维持现在的生活水平，而只能拿出6小时从事休闲活动。一般人不能单凭少于8小时的睡眠时间硬撑下去。

只有规划好你的时间，牵着时间的鼻子走，你才能真正掌握好时间，走上成功之路。

第二节

让赚钱成为一种习惯

从身边的小事做起

完成小事是成就大事的第一步。伟大的成就总是跟随在一连串小的成功之后。在事业起步之际,我们也会得到与自己的能力和经验相称的工作岗位,证明我们自己的价值,渐渐被委以重任和更多的工作。将每一天都看成学习的机会,这会令你在公司和团体中更有价值。一旦有了晋升的机会,老板也会第一个就想到你。任何人都是这样一步一个脚印地走向成功彼岸的。

很多人都会羡慕伟人的功成名就,大家却忽略了伟人背后的故事,像爱迪生从小的时候就很注意在小的事情上培养自己的兴趣,从自己动手做一个小小的衣架,摆弄一个不起眼的玩具,这些都给了他很大的启迪,为自己将来成就事业奠定了良好的基础。当他发明电灯的时候,如果不是从每一个细小的金属丝开始,一步一步地来做实验,他就不可能成功。

小小的电灯可以看出一个人的做事态度。不要羡慕别人,每一个人都是最佳的主角。培养自己细心做事的态度,做好小事,才会成就一番大事。

早期人们用手工制衣的时候,缝衣针的针孔是圆形的,上了年纪的老人用这样的缝衣针非常不方便,引线的时候由于视力下降常常很难一下子就将线穿过针孔。

为此,一个技师非常想找出一个更好的方法来解决这个问题,他把针线拿过来反复地琢磨,实验了很多方法,最后他觉得把缝衣针的圆形针孔改成长条形,更容易把线穿过去。

因为针眼是一长条孔,你眼力再不济,拿线头往针眼上下一扫,总能对上。从圆孔到长条形针孔,就这么一点小改动,穿针难的老问题就解决了。

他立即向工厂的领导提出了改进缝衣针的想法,领导对这个问题十分重视,欣然同意他的改进意见。很快这一全新的缝衣针推出了,得到了广泛的赞誉,更重要的是得到更多的市场。这种缝衣针彻底代替了以前的圆孔缝衣针,大大提高了手工制衣人的制衣效率。

其实不论做什么事情,加工一件产品还是做一件日常生活中的小事,实际上都是由一些细节组成的。综观世界上伟大的成功者,他们之所以能取得杰出的成就,主要是始终把细节的东西贯穿于他的整个奋斗过程中。瓦特只是注意到了蒸汽把烧水的壶盖儿掀起的那一细节就给了他无限的灵感;牛顿只是注意了苹果落地的细节,就引发了万有引力的设想。可见,细节虽小,影响却是巨大的。

一个乐于从细微小事做起的人,有希望创造惊人的奇迹。一个不经意的发现就有可能决定一个人的命运。一项小小的改进就能让一个企业扭转局势、起死回生。在市场竞争日益激烈的今天,任何细微的东西都可能成为"成大事"的决定性因素。

比尔·盖茨说:"你不要认为为了一分钱与别人讨价还价是一件丢脸的事,也不要认为小商小贩没什么出息。金钱需要一分一厘积攒,而人生经验也需要一点一滴积累。在你成为富翁的那一天,你已成了一位人生经验十分丰富的人。"

恐怕现在的年轻人都不愿听"先做小事赚小钱"这句话,因为他们大都雄心万丈,一踏入社会就想做大事、赚大钱。

事实上,很多成大事、赚大钱者并不是一走上社会就取得如此业绩,很多大企业家是从伙计做起,很多政治家是从小职员做起,很多将军是从小兵做起,人们很少见到一走上社会就真正"做大事,赚大钱"的人!所以,当你的条件普通,又没有良好的家庭背景时,那么"先做小事,先赚小钱"绝对没错!你绝不能拿机遇赌博,因为"机遇"是看不到、难以预测的!

那么"先做小事,先赚小钱"有什么好处呢?

"先做小事,先赚小钱"最大的好处是可以在低风险的情况之下积累工作经验,同时也可以借此了解自己的能力。当你做小事得心应手时,就可以做大一点的事。赚小钱既然没问题,那么赚大钱就不会太难,何况小钱赚久了,也可累积成"大钱"。

伟大的事业是由无数个微不足道的小事情积累而成的,小事情干不好,大事情也不会做成功。做任何事,不论大事小事,不论轻重缓急,都要一步一个脚印,力求把每一件事情做好,善始善终,不要心高气傲,不能急功近利,罗马不是一天建成的。而且,追求经济效益的同时也应该兼顾社会效益,最终成就自己做大事的雄心。

俗话说得好,"一口吃不成个胖子",成功源于每一个细节,积跬步致千里,汇细流入大海。现实生活中,还有许多像我们一样雄心勃勃、想成就一番事业的朋友，不屑于从小处做起，眼高手低，最终一事无成。更有甚者，忽视生活和工作中的细节，几乎酿成大错。从脚下开始，从现在开始，少一点空谈，多一点实干吧！

做事如此，创富依然如此，不是一朝一夕就能收到显著成效的，需要我们为之长期努力奋斗。如果只是贪婪地梦想一夜暴富，结果肯定适得其反。无论投资还是做生意，都不能急功近利，任何事都要慢慢来，不要心急，步步为营，才能稳扎稳打。不积跬步，无以至千里；不积小钱，无以成富翁。

成功者喜欢从小事中激发创意

你身边的任何一件小事中都可能蕴含着极大的商机。关键在于你有没有发现的头脑。从小事中激发出来的创意往往会给你带来意想不到的收获。

说起小事中的创意就不能不说日本人，他们在激发创意方面闻名于世，创造了许多致富神话，我们就来看看几个例子。

佐佐木基男是日本神户的一位大学毕业生，他毕业后在一家酒吧打短工，遇到一位从中东来的游客，这位游客名叫阿拉罕，他很快就跟佐佐木相识了，而且二人说话很投机。于是，阿拉罕送了一只奇妙的打火机给佐佐木。

佐佐木反复玩弄这只打火机，每当他一打着火，机身便会发出亮光，并且机身上会出现美丽的图画；火一熄，画面也跟着消失了。

佐佐木觉得这只打火机十分新奇、美妙，便向阿拉罕打听，这只打火机是什么地方生产的。阿拉罕告诉他，这是他到法国时买的，而且是打火机当中的最新产品。

佐佐木早就不想在酒吧里打工，他想自己创业，现在碰到这种新颖奇妙的打火机，脑子里灵机一动，觉得能代理销售这种产品，一定会受到众多年轻人的欢迎。他一面想，一面开始行动，赶到神户图书馆，果然在一份法国杂志上找到了制造这种打火机厂家的广告。于是，他向这个厂家写了一封言辞恳切、愿意代理这种产品在日本销售的信。

果然，不出一个月，法国厂家给他回了信，欢迎佐佐木成为它的代理商。结果，他花了1万美元，获得了这种打火机的代理权。

佐佐木推销这种打火机，很快就开拓了市场。购买的人很多，尤其是年轻人，拿着这种打火机总是爱不释手，尽管价钱贵一点，也舍得花钱买一个。

佐佐木是一个爱动脑筋的人，他不仅销售这种打火机，而且爱在打火机身上动脑筋。他想，要是把这种打火机的性能再变通一下，改造成另一种用具或玩具，这不是更好吗？

这样，他从探究这种法国打火机的性能入手，先掌握其窍门，再进行改造。很快，他就由打火机推及水杯等几种用具和玩具。

佐佐木设计、制造出能够显示漂亮图画的水杯产品，更是大受日本人的欢迎。他制造出的这种水杯，盛满水时，便会现出一幅美丽、逼真的画面，随着杯中水位的不同，画面也变得不同。人们用这种杯子品茶、闲聊，简直是一种享受，谁拿在手上都不愿放下来。

他很快就积累了一大笔资金，并开办了一家成人玩具厂，专门制造打火机、火柴、水杯、圆珠笔、钥匙扣、皮带扣等具有鲜明特色的产品。正因为善于从小事中激发创意，佐佐木才能够取得骄人的成就。

日本的岛村产业公司及丸芳物产公司董事长岛村芳雄,在创业之初身无分文。有一天,他在马路上漫无目的地闲逛时,注意到街上许多行人都提着一个纸袋,这纸袋是买东西时商店给他们装东西用的。岛村灵机一动:"将来纸袋一定会风行一时,做纸袋绳索生意是错不了的。"然而身无分文的他,虽然有雄心壮志却无从下手。最后他决心硬着头皮去各银行试一试。一到银行,他就把纸袋的前景、纸袋绳索的制作技巧,以及他的经营方法、对该事业的展望等说了一通,说得口干舌燥,但每一家银行都不理睬他。然而他并不灰心,每天都前去走动拜访。苍天不负有心人,经过整整3个月的努力,到了第69次时,三井银行终于被他那百折不挠的精神所感动,答应贷给他日币100万元,当朋友、熟人知道他获得银行贷款时,也纷纷帮忙,有的出资10万元,有的出资20万元,很快就筹集了200万元。有了资金,创业两年后,他就成为名满天下的人。几年时间,他从一个穷光蛋摇身一变成为日本绳索大王。

生活中,许多人老是抱怨没有机遇,觉得命运对自己太不公平。其实这种观念极为错误,不是没有机遇而是因为你没有去挖掘。

怎样才能抓住机遇呢?一是留心周围的小事,有敏锐的洞察力。在日常生活中,常常会发生各种各样的事,有些事使人大吃一惊,有些事则平淡无奇。一般而言,使人大吃一惊的事会使人倍加关注,而平淡无奇的事往往不被人注意,但它可能藏有商机。

一个有敏锐观察力的人,就要能够看到不奇之奇。19世纪的英国物理学家瑞利正是从日常生活中发现了与众不同之处。在端茶时,茶杯会在碟子里滑动和倾斜,有时茶杯里的茶水也会洒一些,但当茶水稍洒出一点弄湿了茶碟时会突然变得不易在碟上滑动了,瑞利对此做了进一步探究,做了许多相类似的实验,结果得到一种求算摩擦的方法——倾斜法。当然,我们说培养敏锐的洞察力,留心周围小事的重要意义,并不是让人们把目光完全局限于"小事"上,而是要人们"小中见大""见微知著"。只有这样,才能有所创造,有所成就,并得到幸福。

此外,小缺陷中往往孕育着大市场。日本著名华裔企业家邱永汉曾说:"哪里有人们为难的地方,哪里就有赚钱的机会。"企业应避免"一窝蜂"地挤上一座山头,而是要善于发现市场饱和的"空档",把眼界放开,从不断完善现有产品,不断开发新产品中寻找财富。

在经济、技术高速发展的今天,产品周期大大缩短,如果企业还像以往那样亦步亦趋地跟着市场走,恐怕只能分得残羹剩饭。要想获利就必须另辟蹊径。这就需要企业家能深入市场,从日常的观察中启动商业灵感,出奇制胜。广东某橘子罐头厂的厂长逛市场时发现,鱼头比鱼身贵,鸡翅比鸡肉贵,触发联想:"橘皮为啥不能卖个好价钱呢?"于是组织人力研制生产"珍珠陈皮",开拓新市场。

其实,只要我们处处留心,就不难找到尚未被别人占领的潜在市场。我国一位私营企业家在参加广州进出口商品交易会时,见到一台美国制造的鲜榨果汁机,他便想到,如果在炙热的海滩,鲜榨果汁应该大有市场。于是他首先在北戴河试营,结果不出所料,果然大赚了一笔。"想别人之未曾想,做别人之未曾做",从一些看似平凡的现象中启动灵感,以超前的眼光猎获潜在的市场。只有这样,才能在瞬息万变的市场中掌握主动权,挖掘潜在的财富。信息作为一种战略资源,已经和能源、原材料一起构成了现代生产力的三大支柱。信息中包含着大量的商机,而商机中蕴藏着丰富的财富。企业家要有"一叶落而知秋到"的敏锐眼光,从不为别人所注意的蛛丝马迹中挖出重大经营信息,而后迅速做出决策,抓住转瞬即逝的机遇。

高明的经营者如菲力普·亚默尔能从墨西哥发生瘟疫信息中想到美国肉类市场的动荡,从而通过低买高卖轻而易举净赚900万美元。上海航星修造船厂了解到当前市场西服畅销这一信息,率先转产大量生产干洗机,销量占全国市场60%以上。浙江农民看到日本商人常来收购农村常见的丝瓜筋,经过进一步了解其用途后便组织生产浴擦、拖鞋、枕套、枕芯等产品出口欧、美、日,做成了年出口160多万元的大生意。

商机就在我们身边,企业只要对每一条信息都仔细加以分析,就能抓住商机,取得成功。

以小钱赚大钱

"四两拨千斤",以小钱赚大钱是富人致富的拿手好戏。人生在世,并非每一个人都有一个有钱的"富爸爸",大多数成功者在开始时也很贫穷,但他们不会永远贫穷。他们会穷尽自己的智慧,力争摆脱贫穷的现状。以小钱赚大钱的赚钱方法,是他们常用的致富手段。

美国加利福尼亚州萨克拉门多有一个叫安德森的青年,做家用通信销售。首先,他在一流的妇女杂志刊载他的"1美元商品"广告,所登的厂商都是有名的大厂商,出售的产品都是实用的,其中大约20%的商品进货价格超出1美元,60%的进货价格刚好是1美元。所以杂志一刊登出来，订购单就像雪片般多得使他忙得喘不过气来。

他并没什么资金，这种方法也不需要资金，客户汇款来，就用收来的钱去买货就行了。

当然汇款越多，他的亏损便越多，但他并不是一个傻瓜，寄商品给顾客时，再附带寄去20种3美元以上100美元以下的商品目录和商品图解说明，再附一张空白汇款单。

这样虽然卖1美元商品有些亏损，但是他是以小金额的商品亏损买大量顾客的"安全感"和"信用"。顾客就不会在疑惧的心理之下向他买较昂贵的东西了。如此昂贵的商品不仅可以弥补1美元商品的亏损，而且可以获取很大的利润。

就这样，他的生意就像滚雪球一样越做越大，1年之后，他设立了一家通信销售公司。再过3年后，他雇用50多个员工，1974年的销售额多达5000万美元。

他的这种以小鱼钓大鱼的办法，有着惊人的效力。起初他一无所有，可是自从开始做吃小亏赚大钱的生意，不出几年，就建立起他的通信销售公司。当时他不过是一个29岁的小伙子而已。

安德森的成功起点不是很高，并不是一开始就想着要做大生意、赚大钱。他懂得，凡事要从小钱入手，一步一步进行，财富的雪球才会越滚越大。

凡事从小做起，从零开始，慢慢进行，不要小看那些不起眼的事物。这一道理从古至今永不失效，被许多成功人士演绎了无数次。

有个叫哈罗德的青年，开始只是一个经营一家小型餐饮店的商人。他看到麦当劳里面每天人潮如水的场面，就感叹那里面所隐藏的巨大的商业利润。

他想，如果自己可以代理经营麦当劳，那利润一定是极可观的。

他马上行动，找到麦当劳总部的负责人，说明自己想代理麦当劳的意图。但是负责人却给哈罗德出了一个难题——麦当劳的代理需要200万美元的资金才可以。而哈罗德并没有足够的金钱去代理，而且相差甚远。

哈罗德并没有因此而放弃，他决定每个月都给自己存1000美元。于是每到月初的1号，他都把自己赚取的钱存入银行。为了避免自己花掉手里的钱，他总是先把1000美元存入银行，再考虑自己的经营费用和日常生活的开销。无论发生什么样的事情，都一直坚持这样做。

哈罗德为了自己当初的计划，整整坚持不懈存了6年。由于他总是在同一个时间——每个月的1号去存钱，连银行里面的服务小姐都认识了他，并为他的坚韧所感动！

现在，哈罗德手中有了7.2万美元，这是他长期努力的结果。但是与200万美元还差得很远。

麦当劳负责人知道了这些，终于被哈罗德的不懈精神感动了，当即决定把麦当劳的代理权全部交给哈罗德。

就这样，哈罗德开始迈向成功之路，而且在以后的日子里不断向新的领域发展，成为一个巨富。

如果哈罗德没有坚持每个月为自己存入1000美元，就不会有7.2万美元了。如果当初只想着自己手中的钱太微不足道，不足以成就大事业，那么他永远只能是一个默默无闻的小商人。为了让自己心中的种子发芽，哈罗德从1000美元开始慢慢充实自己的口袋，而且长达6年之久，终于感动了负责人。万丈高楼平地起。你不要认为为了一分钱与别人讨价还价是一件丑事,也不要认为小商小贩没什么出息。金钱需要一分一厘地积攒,这些小钱以后就可以成为赚取大钱的资本。

在市场竞争中,没有大钱的普通人想挣钱难免受到各种因素的制约,常常是欲速则不达,心急吃不了热豆腐。因而,有些胸怀大志的投资者,为了实现其目的,以迂为直、以小鱼钓大鱼,这是他们惯用的策略。

不论是谁,赚钱的道路总是坎坷曲折的,在市场竞争中,有些企业经营者由于受资金、设备、人才、技术等客观条件的限制,目的不可能一下子就达到。安德森的例子就告诉了我们,没本钱没关系,可以先建立起信誉,最终大获成功。这就说明,任何想挣钱的人欲沿着笔直的路线达到自己认定的目标都是不现实的,世界上也不存在一帆风顺地一步达到辉煌顶点、一口吃成个大胖子的先例。赚钱如同做人,其道路直中有曲、曲中有直,欲走直径,但往往走入了绝境,而艰苦探索出来的道路,有时却比直径更能率先到达终点。这也说明谋求创富,确实需要在市场实战中采用迂回战术,寻找战机,以迂求直,迂回发展。

第三节

诚信是致富的灵魂

品德是信誉的担保

金钱是商人经济的担保，而品德是信誉的担保。说到经商成功，人们常常最先想到的是聪明、勤奋、机遇，等等。然而人们不会想到，有时品德在不经意之间决定了一切。

法国银行大王莱菲斯特年轻时有段时间因找不到工作闲在家。有一天，他鼓起勇气到一家大银行找董事长求职，可是一见面便被董事长拒绝了。

他的这种经历已经是第52次了。莱菲斯特沮丧地走出银行，不小心被地上的一根大头针刺伤了脚。"谁都跟我作对！"他愤愤地说道。转而他又想，不能再叫它刺伤别人了，就随手把大头针捡了起来。

谁也没有想到，莱菲斯特第二天竟收到了银行录用他的通知。他在激动之余又有些迷惑：不是已被拒绝了吗？

原来，就在他蹲下拾起大头针的瞬间，董事长看到了，董事长根据这件小事认为这是个谨慎细致而能为他人着想的人，于是便改变主意雇用了他。

莱菲斯特就在这家银行起步,后来成了法国银行大王。

莱菲斯特的机遇表面上只因拾起一根大头针,是偶然之事。但实际上是他可贵的品格给了他成功的可能,所以培养良好的品格是成功必不可少的条件。

品德不但能够使人获得他人的好感,还是扩大事业的重要条件。事实证明,如果你能够以良好的道德标准去处理每一件事,甚至对于那些举止过分的人也能以德报怨,那么你必定能够赢得人们的理解和支持。

有一个顾客欠了迪特毛料公司15美元。一天,这位顾客愤怒地冲进了迪特先生的办公室,说他不但不付这笔钱,而且一辈子再也不花一分钱购买迪特公司的东西。迪特先生让他耐心地说了个痛快,然后对他说:"我要谢谢你到芝加哥告诉我这件事,你帮了我一个大忙。因为如果我们信托部门的人员打扰了你,他们就可能也打扰了别的好顾客,那就太不幸了。相信我,我比你更想听到你所告诉我们的话。"

这个顾客做梦也没有想到会听到这些话。迪特先生还要他放心:"我们的职员要负责好几千个账目,比起他们来,你不太可能出错。既然你不能再向我们购买毛料,我就向你推荐一些其他的毛料公司。"

结果,这个顾客又签下了一笔比以往都大的订单。他的儿子出世后,他给起名为迪特。后来他一直是迪特公司的朋友和顾客,直到去世为止。

由此可见,良好的品德对于商人是不可缺少的。如果一个人拥有良好的品德,或许就因为一件小事而成就一生。在世界上四大商业群体——犹太商人、阿拉伯商人、印度商人和中国商人中,每个群体都具有不同的品德和经营的智慧,在19世纪到20世纪这段时期,广东商人、客家商人和福建商人成为中国商人的典范,在东南亚各地形成了经济实力强大的华济社。而对于今天的商人来说,广东商人的品德修炼对中国各地的商人都具有一定的启发性。

潮州商人翁锦通也是这一时期成功的中国商人的代表之一。他以香港为经营的根据地。虽然同是潮商,与同乡李嘉诚、谢国民等比较起来,他则属于大器晚成型。翁锦通作为老一代潮商,同样注重个人品格的铸造,他留给后代子孙的最大启示就是,性格修炼是成功的重要条件。

翁锦通的祖上曾辉煌一时,明朝出了个翁迈达,官至兵部尚书。但祖荫太远,500年后翁锦通出世时,翁家早已不再是什么官宦世家、书香门第。家道既然早已没落,难免家贫子贱。穷人的孩子早当家,翁锦通六七岁就参加繁重的农业生产,每天凌晨2点钟就要起来用水灌田,起得迟了就被父亲一顿痛骂。不需要干农活时,他便去当童工。他曾在表亲开的酿酒厂干活,盛夏酷暑天里要用铁锹不停地把谷糠燃料送进火炉里,人还没有锹高,就得干这种成年人的活,当然很辛苦。干活期间他大病一场,几乎送命。后来他又进赌场当打杂的小厮。他的童年多灾多难,只有劳动,没有欢乐。但这样的童年也给翁锦通带来了终生受用不尽的好处,就是吃苦耐劳的品质,以及一种"活着,就得去赚钱"的信念。没有这种信念,翁锦通也不可能在劳碌半生后,于晚年成为一代富豪。

12岁时,翁锦通经姐夫介绍到厚生抽纱公司洗熨部做工,初步接触了当时潮州的新兴工艺——抽纱。3年后,厚生抽纱公司老板计划在山东烟台创办一家公司。翁锦通勤快好学,很得老板器重,常被带在身边，此时老板见翁锦通在工作上渐渐成熟，便将建分公司的事交给了他和自己的两个弟弟，翁锦通从此成为烟台新公司的工厂主管。

在这一时期，翁锦通对儒家君子哲学做了一个世俗化的总结：第一，要讲婚姻道德，切莫有婚外邪僻行径，勿贪女色之美，勿听长舌之言。这一条也许有些陈腐，但在当时那个时代，女性受教育的机会少，学识和眼光难免短浅些，因此"婚外邪僻"除了色的本身而言，一桩事业如果过多受女性左右也不是好事——这是当时世道造成的，因此排除其歧视女性的因素，还是很有实用意义的。第二，教门之理，一般皆善，可信而敬之，勿信而迷之。年轻人来日方长，宜保持坚强奋发之志——这一条实际上是鼓励人要入世，不必迷恋虚幻不实的教门。第三，远小人，近贤人。贤人小人甚难辨，须在自己人生经验中体会。第四，世途险恶，人心叵测，故勿贪小便宜。世途中有不法者，诱人以利，故勿贪小便宜，不义之财虽一毫而莫取，则不惧奸人之伎俩矣。这四条强调的其实都是心灵的修炼，成就了他以后的事业。

有了执着而强大的心灵，自然会有坚定的操守；不过分贪恋外物，自然也就不会为外物所蒙蔽。这一道理用在商业上，则能教人看清局势，独善其身，不因眼前小利而失大，也不会受非商业因素的过多影响。

1962年，翁锦通4年多来的劳动换得了资本。用这笔钱，他开始自行创业，兴办了"锦兴绣花台布公司"和"香港机绣床布厂"。公司设于安兰街，工厂设在加多近街翁锦通家中。此时，翁家人均已先后定居香港。一家人全部披挂上阵，在翁锦通指挥下进行生产，翁氏的家族事业就此拉开帷幕。

翁锦通做生意有个铁打的原则：不贪小便宜、不受利益引诱。

正因为如此，他不贪多、不吝繁、不被一时的利益冲昏头脑，这使翁锦通始终立于不败之地。他的品德改写了他一生，通向了成功的彼岸。

财商高的人更需讲信誉

犹太民族在特殊的社会、历史环境中形成的恪守律法的民族特性和现代商业运作不可缺少的信守合约的商业意识，这是商业文化中的一块坚实的历史基石。犹太人看来，契约是不可变动的。

而现代意义上的契约，在商业贸易活动中叫合同，是交易各方在交易过程中，为维护各自利益而签订的在一定时限内必须履行的责任书，合法的合同受法律保护。

犹太人的经商史，可以说是一部有关契约的签订和履行的历史。犹太民族之所以成功的一个原因，就在于他们一旦签订了契约就一定执行，即使有再大的困难与风险也要自己承担。他们相信对方也一定会严格执行契约的规定，因为他们深信：我们的存在，不过是因为我们和上帝签订了存在之约。如果不履行契约，就意味着打破了上帝与人之间的约定，就会给人带来灾难，因为上帝会惩罚我们。签订契约前可以谈判，可以讨价还价，也可以妥协退让，甚至可以不签约，这些都是我们的权利；但是一旦签订就要承担自己的责任，不折不扣地执行。故此，在犹太人经商活动中，根本就不存在"不履行债务"这一说，如果某人不慎违约，他们将对之深恶痛绝，一定要严格追究责任,毫不客气地要求赔偿损失;对于不履行契约的人,大家都会唾骂他,并与其断绝关系,并最终将其逐出商界。

各国商人与犹太人做交易时,对对方的履约有着最大的信心,而对自己的履约也有最严的要求,哪怕在别的地方有不守合约的习惯。犹太商人的这一素质可谓对整个商业世界影响深远,真正是"无论怎样评价也不过分"。日本东京有个自称"东京银座犹太人"的商人叫藤田田,多次告诫没有守约习惯的同胞,不要对犹太人失信或毁约,否则,将永远失去与犹太人做生意的机会。

曾有这样一个事例,有一个老板和雇工订立了契约,规定雇工为老板工作,每一周发一次工资,但工资不是现金,而是工人从附近的一家商店里购买与工资等价的物品,然后由商店老板结清账目。

过了一周,工人气呼呼地跑到老板跟前说:"商店老板说,不给现款就不能拿东西。所以,还是请你付给我现款吧。"

过一会儿,商店老板又跑来结账,说:"贵处工人已经取走了东西,请付钱吧。"

老板被弄糊涂了,反复进行调查,但双方各执一词,谁也不能证明对方说谎而毫无凭证。结果,只好由老板付了两份开销。因为唯有他同时向双方做了许诺,而商店老板和该雇员并没有雇佣关系。

财商高的人经商时首先意识到的是守约本身这一义务,而不是守某项合约的义务。他们普遍重信守约,相互间做生意时经常连合同也不需要,口头的允诺已有足够的约束力。

现代商业世界极讲究信誉。信誉就是市场,就是企业生存的基础。所以,以信誉招徕顾客也成为许多企业共同使用的招数,但在商业世界中第一个奉行最高商业信誉"不满意可以退货"的大型企业,是美国犹太商人朱丽叶·斯罗森沃尔德的希尔斯·罗巴克百货公司。这项规定是该公司在 20 世纪初推出的，在当时被称为"闻所未闻"。确实，这已经大大超出一般合约所能规定的义务范围——甚至把允许对方"毁约"都列为己方的无条件的义务！

因此，犹太商人在守约上的信誉是极高的，他们对于别人尽力履约也只看作一种自然现象，他们之所以在守约上有这种特别之处，不仅是在于散居世界各地的犹太人比任何一个民族获得了更多经济上的成就和特有的文化，更因为为了生存，犹太人不得不小心地处理好与各民族的关系，尽力避免与人发生任何的冲突。为此，他们希望共处的民族之间能有某种共同遵守的规则，这便是"约"。无论是征服他们的民族，或是与之共处的民族，还是在自己同族之间，律法对他们而言都非常重要，这是犹太民族赖以生存发展的基本力量。犹太人完全能够遵守居住国的律法，甚至超过了当地民族本身的自觉性。

在经济贸易中，犹太商人也以守约闻名，在其他商人的眼里，犹太商人是从不偷税漏税的，一切依约行事。他们赚大钱完全是凭着自己的智慧与机智，因为他们具备了这种天赋。获取丰厚利润，对犹太商人而言，更是自主可行的，没有必要去违约赚钱，这是他们民族的一种习惯和美德。犹太商人在法治意识上较其他民族优越，在犹太人看来，有了信誉就拥有了财富。

犹太人是这样，其实每个成功的商人都是这样。

在 1989 年初，由于境外企业停止对中国供应一种叫"高压陶瓷电子"的打火装置，温州几万家打火机企业全部陷入了无"米"下炊的困境，生产陷入了瘫痪。徐勇水认识的一个香港公司老板感念旧情,愿意给徐勇水独家提供50万个电子打火装置,但必须用现金交易。当时,徐勇水千方百计只筹到了60万元,离所需的140万元相差甚远,无奈之下,徐勇水来到了在广州的五羊城酒店,这里是温州人做生意的聚居地,他对见到的每一个温州人说:"你借我5万元,一星期后我还你们6万元。"于是,140万元就这样奇迹般在一天之内凑齐了,徐勇水的口头合约挽救了温州所有的打火机厂。

信誉对于财商高的人是一笔无形资产,特别是在市场经济日益深化、国际竞争越来越激烈的今天,信誉资源比任何时候都显得宝贵。尤其是对于一个创业者,创业的过程是非常艰辛的,如果没有诚信、没有信誉,创业会碰到许多的荆棘。因此在我们创造财富的道路上,要怀着诚信来签约,一步一个脚印地走向成功之道。诚信签约不仅体现在商业中,同时也体现在我们生活的每一处,诚信签约不仅代表一种商誉,同时也代表着一个人的品德,懂得诚信签约的商人才是最有远见的商人。

财商高的人做真实的自己

在一般人眼中,有钱人贪得无厌,为富不仁,心地不善,其财富都是肮脏的。其实不然,许多有钱人都注重自己的德行,他们情操高尚,生财有道,热心公益事业,在社会有着良好的口碑。

灵魂的纯洁是最大的美德。

成功是人人都渴望和追求的,因此,许多人喜欢仿效那些成功者的言行,以吸取别人的经验来弥补自己的不足。但是,把别人的言行和经验照葫芦画瓢,全部模仿起来,恐怕是无法行得通的,也有可能由此而坏了名声。经商者都应该树立自信和平常心,否则就无法塑造自身的形象或建立良好的名声。

美国纽约铁路快运代理公司的副总经理金赛·N.莫里特,曾提到一位在礼仪、品德等各方面都比别人更有修养的人。这个人曾对莫里特说过这样的话:"二十多年来,我接触过并且和他们谈过话的人成千上万!但是,每一次我都以自己的本来面目和他们谈话,我绝不模仿任何人。因此,我才能获得成功,而且当时我们说的话也最具有说服力。"

世上绝大多数成功的人,都是本着自己朴实的本性生活的,他们在自己的人生舞台上,所表演的完全是他们自己的举止,绝不刻意去模仿他人或假扮成别人。他们始终埋首工作,虚怀若谷,非但不炫耀自己,不摆出一副大人物的架子,反而像普通人一样诚实上进、虚心好学。最重要的一点是,他们从不自以为是这个世界上的一个骄子。他们只需要一个适合自己工作的场所,然后努力使自己成为令人尊敬的人。

第三章

财商与投资理财：
聪明人是怎样用钱赚钱的

第一节

让金钱流动起来

财商低的人攒钱,财商高的人赚钱

财商低的人总是认为钱放在银行是最安全的,没有任何风险;财商高的人认为这种认识是不正确的,储蓄虽然是较为安全的一种,但在储蓄的过程中的确存在着操作上和通货膨胀的风险。由于储蓄风险的存在,常使储蓄利率下降,甚至本金贬值。

一般说来,风险是指在一定条件下和一定时期内可能发生的各种结果的变动程度。风险的大小随时间延续而变化,是"一定时期内"的风险,而时间越长,不确定性越大,发生风险的可能性就越大。所以,存款的期限越长,所要求的利率也就越高。这是对风险的回报和补偿。

存款有以下几类风险。

一、通货膨胀的风险

鉴于通货膨胀对家庭理财影响很大,我们有必要对通货膨胀有更多的了解。通货膨胀主要有两种类型,一种是成本推进型,一种是需求拉动型。如果工资普遍大幅度提高,或者原材料价格涨价,就会发生成本推进型通货膨胀;如果社会投资需求和消费需求过旺,就会发生需求拉动型通货膨胀。

通货膨胀产生的原因主要包括：

1. 隐性通货膨胀转变为显性通货膨胀

许多国家为了保持国内物价的稳定，忽视了商品比价正常变动的规律，实行对某些企业和消费对象财政补贴的政策。正是这种补贴，使原有价格得以维持，否则在正常情况下，这些商品的价格早已上涨了。一旦取消补贴，或把补贴转化为企业收入和职工收入，物价势必上涨，隐性通货膨胀就转化为显性通货膨胀。

2. 结构性通货膨胀

由于政策、资源、分配结构和市场等原因，一个时期内，某类产业某些部门片面发展，而另外的产业和部门比较落后，供给短缺，经过一段时间，只要条件改变，落后部门的产品价格势必上涨，由此带来整个物价水平的上升。

3. 垄断性通货膨胀

一国的经济中，如果存在某些部门、地区的社会性力量比较强大，对别的部门、地区居压倒性优势，则易于形成垄断性价格，并使价格居高不下乃至上升，构成垄断性通货膨胀。

4. 财政性货币发行造成通货膨胀

一般情况下，经济发展，需要每年增加一定的货币投放量，以满足流通和收入增长的需要。但是如果增发的货币不是由于经济增长和发展的需要，而是由于国家存在庞大的财政赤字，增发货币用来弥补赤字，则被称作财政性的货币发行，必然带来通货膨胀。

5. 工资物价轮番上涨型通货膨胀

物价上涨使工资收入者的实际工资降低，要求增加工资以弥补实际收入的减少,如果国家采取了增发工资的政策,将导致通货膨胀再攀高。

在存款期间,由于储蓄存款有息,居民的货币总额增加;但同时,由于通货膨胀的影响,单位货币贬值而使货币的购买力下降。在通货膨胀期间,购买力风险对于投资者相当重要。如果通货膨胀率超过了存款的利率,那么居民就会产生购买力的净损失,这时存款的实际利率为负数,存款就会发生资产的净损失。一般说来,预期报酬率会上升的资产,其购买力风险低于报酬率固定的资产。例如房地产、短期债券、普通股等资产受通货膨胀的影响比较小,而收益长期固定的存款等受到的影响较大。前者适合作为减少通货膨胀的避险工具。

通货膨胀是一种常见的经济现象,它的存在必然使理财者承担风险。因此,我们应当具有躲避风险的意识。

二、利率变动的风险

利率风险是指由于利率变动而使存款本息遭受损失的可能性。银行计算定期存款的利息,是按照存入日的定期存款利率计算的,因为利息不随利率调整而发生变化,所以应该不存在利率风险的问题。但如果有一笔款项,你在降息之后存的话,相比降息之前,就相当于损失了一笔利息,这种由于利率下降而可能使储户遭受的损失,我们也把它称为利率风险。这是因为丧失良好的存款机会而带来的损失,所以也称为机会成本损失。

三、变现的风险

变现风险是指在紧急需要资金的情况下,你的资金要变现而发生损失的可能性。在未来的某一时刻,发生突发事件急需用钱是谁都难以避免的。或者即使你预料到未来某一时刻需要花钱，但也可能会因为时间的提前而使你防不胜防。这时，你的资产就可能面临变现的风险，要么你就不予以提前支取，要么你就会被迫损失一部分利息。总之，将使你面临两难选择。例如，如果你有一笔1年期的定期存款，在存到9个月的时候急需提取，那么你提前支取的时候就只能按照银行挂牌当日活期存款的利率获取利息，你存了9个月的利息就泡汤了。

由此可见，风险是投资过程中必然产生的现象，趋利避险是人类的天性，也是投资者的心愿。投资者总是希望在最低甚至无风险的条件下获取最高收益，但实际上两者是不可兼得的。储户在选择储蓄的时候，只能在收益一定的情况下，尽可能地降低风险；或者是在风险一定的情况下使收益最大。

四、银行违约的风险

违约风险是指银行无法按时支付存款的利息和偿还本金的风险。

银行违约风险中最常见的是流动性风险，它是导致银行倒闭的重要原因之一。银行资产结构不合理、资金积压过于严重或严重亏损等，就会发生流动性风险。一旦发生流动性风险，储户不能及时提取到期的存款，就会对银行发生信任危机，进而引起众多其他储户竞相挤提，最后导致银行的破产。

一般来说，国家为维持经济的稳定和社会的稳定，不会轻易让一家银行处于破产的境地，但是并非完全排除了银行破产的可能性。如果银行自身经营混乱，效益低下，呆坏账比例过高，银行也是可能破产的。一旦发生银行的倒闭事件，居民存款的本息都会受到威胁。1998年6月21日，海南发展银行在海南的141个网点和其广州分行的网点全部关门，成为我国自新中国成立以来第一家破产的银行。

海南发展银行成立于1995年8月18日，它是在当时的富南、蜀光等5家省内信托投资公司合并改组基础上建立起来的，47家股东单位中海南省政府为相对控股的最大股东。总股本达10.7亿元人民币。

1997年底，海发行已发展到110亿元人民币的资产规模，累计从外省融资80亿元，各项存款余款40亿元，并在2年多时间里培养了一大批素质较高的银行业务骨干。但从1997年12月开始海发行兼并了28家资产质量堪忧的信用社，使自身资产总规模达到230亿元，从而给海发行带来灭顶之灾。到1998年4月份，海发行已不能正常兑付，因此规定每个户头每天只能取2万元，不久又降为每天5000元，到6月19日的兑付限额已经下降到100元，从而使海发行最终走向了不归路。

海发行的破产为中国的银行业敲响了警钟，同时也为广大储户上了生动的一课。虽然海发行最后由工商行接管并对其储户进行兑付，但储户所遭受的信用风险是实在的。

只有投资，你才能富有

很多人相信努力工作可致富，这并不是一种错误的想法。如果努力工作，而所得又足够多的话，确实可以致富。但现实并非如此，很多人工作之后才发现，工资永远是那么少，除了基本生活开支，剩下的收入不值一提。不用说那些诸如汽车、房子等奢侈消费品无法购置，就是那些稍贵一些的东西，在购买时也让人舍不得掏腰包。所以，罗伯特·清崎在《穷爸爸，富爸爸》里说：穷人是为钱工作，而富人则让钱为他工作。这意味着,只有投资,你才能富有。

每一个人都是自己的投资家,你的投资将决定你的一生。

格林先生前一阵子还在为失业而犯愁,可现在,他手头已经有100万美元了。前几天,他买了两张彩票,没想到幸运之神降临到他的头上,他买的彩票中有一张中了头等奖。整整100万美元,这对格林先生来说是个天文数字,这些钱他几乎一辈子也挣不来。"去他的工作吧,"格林先生想,"我应该好好享受一下,这么多钱怎么也花不完。"马上,格林先生开始筹划如何花他的100万美元,他现在可以拥有那些做梦才会想要的东西。他首先买了一栋豪华的别墅,然后又为他妻子和他自己各买了一辆进口的高级轿车,还买了一大堆以前想得到的东西。100万已经用了一半了,该买的似乎也都买了,格林先生和他的妻子开始待在家里享受生活。

两年后,格林先生又开始工作了,他的钱被他花光了,现在他又身无分文。可是,麻烦的是他改不了大手大脚花钱的习惯,不久他便负债累累,银行警告他如果再不还债,就要将他用于抵押的房子拍卖来还债务了。

像格林先生这样一下子暴富起来,不久又变穷的人并不少,他们虽然曾经有过一大笔钱,但钱并不能帮他们形成富人的思维模式,他们不能留住这些钱,而这些钱却助长了他们不良的习惯,使他们在花光钱后又负债累累。

有一则这样的新闻,一个年仅29岁的年轻人因为干活时不愿意摘下他手上的冠军戒指,而被洗车行的老板解雇了。这个年轻人曾经是一个篮球明星,他在职业生涯中挣了几百万美元。可是在他退出篮坛后,他的朋友、律师、会计师把他的钱全拿走了,他只能去做一名薪水低廉的洗车工人。而现在，他连洗车工也干不了了。

这位年轻人的篮球技术很好，这种特殊的技能让他挣了一大笔钱，可是他的财商很低，虽然有几百万美元，但思维模式没有因为钱多而改变。他对法律和财务知识一无所知，他的钱很快全被别人骗去了。这位篮球明星很能挣钱，但都是替别人挣钱，他什么也没为自己留下。

一项调查显示，有将近九成的受访学生表示"不清楚"信用卡的循环利息，3/4 的学生算不出银行贷款利息金额。在超前消费逐渐成为潮流的今天，有人认为，理财知识的普及亟待提上日程。

其实，何止是大学生，挣多少就花多少的"月光族"，不敢消费害怕生病的"房奴族"，不愿工作整天闲晃的"啃老族"，等等，都不同程度地存在"财商"方面的缺陷。能不能算出银行贷款利息金额，只是一个纯粹的技术问题，与"财商"的关系不大。财商，指的是一个人正确认识和使用金钱的能力。人是金钱的主人而不是奴隶，不是为钱而工作，而是让钱为你工作，这，就是财商的价值观。

财商不足，与一个人所受的教育不无关系。在国外，理财教育一般都是从娃娃抓起的，比如在美国，在小学有着明确的理财教育目标，比如说 7 岁要能看懂价格标签，8 岁要知道存钱，9 岁能制订开销计划等。相比之下，我们的孩子则过多浸淫在书堆和玩具里，衣来伸手饭来张口，乃至上了大学、有了工作，在理财方面依然一塌糊涂。

《穷爸爸，富爸爸》的作者罗伯特·清崎曾说，致富要有财商，有了财商一个人才会大气，视野才会宽阔，出手才会慷慨，在追求财富的过程中才会站得高、看得远。

拥有致富欲望的人，他的终极目标不是成为一个雇员，通过努力工作来实现生存与发展，而是创建自己的事业，从自己的事业中获得生存与发展。他们在学习或为别人工作中，都始终在为自己投资，这些投资不是简单意义上的投资，它还包括对自己的财商教育。如果你现在还没有为自己投资过，不管你是在学习还是在为别人工作，从今天开始，拿出一部分时间、精力和金钱开始为自己投资吧。每天投资一点，你会真正感觉到为自己活着。为自己活着，才能活得更加轻松、更加潇洒，才能真正感觉到生存的意义。

现实生活中，每个人都有自己的安全区。如果你想跨越自己目前的成就，就请不要划地自限，要勇于充实自我，要接受挑战去冒险，你一定会发展得比想象中更好。

犯错误不可怕，可怕的是对犯错误的恐惧。

所谓的稳定收入是很多人行动的障碍，犹如人生的鸡肋，说到底还是缺乏自信。对绝大多数人来说，靠薪水永远只能满足生活的基本要求。所以最终要创造自己的幸福，还得靠你自己。

"只要安稳地过一辈子就行了，不必赚太多的钱。"假如你的头脑被这种念头占据，你一辈子也赚不了大钱。只有不满足现状，奋发向上，才是赚钱发财的前提。不愿意过单调无意义的生活，想过更充实的生活，这种念头才是引导你奋发向上的最佳动机。这并不是鼓励你欲壑难填或贪得无厌，而是鼓励你为社会创造更多的价值，充分发挥自己的能力。

汽车大王福特曾说过："一个人若自以为有许多成就而止步不前，那么他的失败就在眼前。"

许多人一提致富，就想一夜暴富。固然，一夜暴富的可能性不是没有,如中六合彩之类,但毕竟有此运气的人不多,绝大多数人还得依靠勤奋努力逐渐积累财富。调查显示,美国41万个百万富翁中,78%的人年龄超过50岁,他们的财富都通过连续二三十年每周7天做相对枯燥的工作而获得的。

这个统计数字告诉我们,每当一个"英雄"创办了一个航空公司、一个计算机公司,或者一个巧克力饼干公司,同时就有成千上万个"成功者"在没有被新闻机构注意到的岗位默默无闻干着同样出色的工作。

既然一夜暴富是不现实的,我们唯有早行动才能早致富。美国人查理斯调查了美国170位百万富翁,发现他们的共同特点是很早就强迫自己将收入的1/4左右用于投资。

越早开始投资,就能越早达到致富的目标,从而使自己与家人能越早享受致富的成果。而且越早开始投资,利上滚利时间越长,时间充裕,所需投入的金额就越少,赚钱就越轻松且愉快!

财商低的人的钱是死钱,财商高的人的钱是活钱

财商低的人认为挣钱不容易,将钱当作财神一样供奉,生怕有一天钱会飞走。"存钱防老",是他们的一贯思想。在财商高的人的观念里面,就是"有钱不要过丰年头",与其把钱放在银行里面睡觉,靠利息来补贴生活费,养成一种依赖性而失去了冒险奋斗的精神,不如活用这些钱,将其拿出来投资更具利益的项目。

财商高的人认为,要想捕捉金钱、收获财富、使钱生钱,就得学会让死钱变活钱。千万不可把钱闲置起来,当作古董一样收藏,而要让死钱变活，就得学会用积蓄去投资，使钱像羊群一样，不断地繁殖和增多。

财商高的人经商有个特点，采取彻底的现金主义。

富商凯尔，资产上亿美元，然而他很少把钱存进银行，而是将大部分现金放在自己的保险库。

一次，一位在银行有几百万美元存款的日本商人向他请教这一令他疑惑不解的问题。

"凯尔先生，对我来说，如果没有储蓄，生活等于失去了保障。你有那么多钱，却不存进银行，为什么呢？"

"认为储蓄是生活上的安全保障，储蓄的钱越多，则在心理上的安全保障程度越高，如此积累下去，永远没有满足的一天。这样，岂不是把有用的钱全部束之高阁，把自己赚大钱的机会减少了，并且自己的经商才能也无从发挥了吗？你再想想，哪有省吃俭用一辈子，光靠利息而成为世界上知名富翁的？"凯尔不慌不忙地答道。

日本商人虽然无法反驳，但心里总觉得有点不服气，便反问道："你的意思是反对储蓄了？"

"当然不是彻头彻尾地反对，"凯尔解释道，"我反对的是，把储蓄当成嗜好，而忘记了等钱储蓄到一定时候把它提出来，再活用这些钱，使它能赚到远比银行利息多得多的钱。我还反对银行里的钱越存越多时，便靠利息来补贴生活费。这就养成了依赖性而失去了商人必有的冒险精神。"

凯尔的话很有道理，金钱只有进入流通领域才能发挥它的作用。因为，躺在银行里的钱几乎和废纸没什么区别。

财商高的人经商，很重要的秘诀是不作存款。在18世纪中期以前，他们热衷于放贷业务，就是把自己的钱贷出去，从中赚取高利。到了19世纪后，直至现在，他们宁愿把自己的钱用于高回报率的投资或买卖，也不肯把钱存入银行。

财商高的人这种"不作存款"的秘诀，是一门资金管理科学。它表明做生意要合理地使用资金，千方百计地加快资金周转速度，减少利息的支出，使商品单位利润和总额利润都得到增加。

做生意总得要有本钱，但本钱总是有限的，连世界首富也只不过百亿美元左右。但一个企业，哪怕是一般企业，一年也可做几十亿美元的生意。如果是大企业，一年要做几百亿美元的生意。而企业本身的资本只不过几亿或几十亿美元。他们靠的是资金的不断滚动周转，把营业额做大。

普利策出生于匈牙利，17岁时到美国谋生。开始时，在美国军队服役，退伍后开始探索创业路子。经过反复观察和考虑后，他决定从报业着手。

为了搞到资本，他靠自己打工积累的资金赚钱。为了从实践中摸索经验，他到圣路易斯的一家报社，向该社老板求一份记者工作。开始老板对他不屑一顾，拒绝了他的请求。但普利策反复自我介绍和请求，言谈中老板发觉他机敏聪慧，勉强答应留下他当记者，但有个条件，半薪试用一年后再定去留。

普利策为了实现自己的目标，忍耐老板的剥削，并全身心地投入工作之中。他勤于采访，认真学习和了解报社的各环节工作，晚间不断地学习写作及法律知识。他写的文章和报道不但生动、真实，而且法律性强，吸引广大读者。面对普利策创造的巨大利润，老板高兴地吸收他为正式工，第二年还提升他为编辑。普利策也开始有点积蓄。

通过几年的打工，普利策对报社的运营情况了如指掌。于是他用自己仅有的积蓄买下一间濒临歇业的报馆，开始创办自己的报纸——《圣路易斯邮报快讯报》。

普利策自办报纸后，资本严重不足，但他很快就渡过了难关。19世纪末，美国经济迅速发展，很多企业为了加强竞争，不惜投入巨资搞宣传广告。普利策盯着这个焦点，把自己的报纸办成以传递经济信息为主的媒体，做强广告部，承接多种多样的广告。就这样，他利用客户预交的广告费使自己有资金正常出版发行报纸。他的报纸发行量越多广告也越多，他的收入进入良性循环。即使在最初几年，他每年的利润也超过15万美元。没过几年，他成为美国报业的巨头。

普利策初时分文没有，靠打工挣得半薪，然后以节衣缩食省下极有限的钱，让其一刻不置闲地滚动起来，发挥更大作用，这是做无本生意而成功的典型。这就是财商高的人"不作存款"和"有钱不置半年闲"的体现，是成功经商的诀窍。

美国著名的通用汽车制造公司的高级专家赫特曾说过这样一句耐人寻味的话："在私人公司里，追求利润并不是主要目的，重要的是把手中的钱如何用活。"

对这个道理，许多善于理财的小公司老板都明白但并没有真正地运用。往往一到公司略有盈余，他们便开始胆怯，不敢再像创业那样敢做敢说，总怕到手的钱因投资失败又飞了，赶快存到银行，以备应急之用。虽然确保资金的安全乃是人们心中合理的想法，但是在当今飞速发展、竞争激烈的经济形势下，钱应该用来扩大投资，使钱变成"活"钱，来获得更多的利益。这些钱完全可以用来购置房产、铺面，以增加自己的固定资产，到10年以后回头再看，会感觉到比存银行要增很多利，你才会明白"活"钱的威力。

商业是不断增值的过程，所以要让钱不停地滚动起来，财商高的人的经营原则是：没有的时候就借，等你有钱了就可以还了，不敢借钱是永远不会发财的。

有句话说："人往高处走，水往低处流。"还有句话说："花钱如流水。"金钱确实流动如水。它永远在不停地运动周转流通，在这个过程中，财富就产生了。像过去那些土财主一样，把银子装在坛子里埋在房基下面，过一万年还是只有这么多银子，丝毫也没有增值。

财商低的人急功近利，财商高的人踏踏实实

财商低的人爱做富翁梦，他们常常梦想有朝一日上帝会赐福与他们，天上掉下个金块，让他们一夜致富。财商高的人认为，财富的增长与生命的成长一样，均是点点滴滴、日日月月、岁岁年年在复利的作用下形成的，不可能一步登天而快速地成长，这是个自然的定律，上天从不改其自然的法则。

投资理财是个人的长期项目，由理财所创造的财富会超出你的想象，但所需的时间会更长久，对于要在一夜之间成为百万、千万甚至亿万富翁的人，财商高的人给你的忠告是投资理财不适合你。因为，投资理财是件"慢工出细活，欲速则不达"的事。强调的是时间，如果对时间没有正确的认识，自然会产生强烈的急躁的情绪，急躁就会冒很大的危险，原本是可以成功的，也会因急躁而失败。与此同时，只要耐得住性子，将资产投资在正确的投资标上，不需要操作和操心，复利自然会引领财富的增长。

1. 培养良好的心理承受能力

在我们现实生活中，小孩子都爱看动画片，而大人们则青睐于一夜发财致富的神话。前者喜爱的原因是因为一个不起眼的小女孩，能够顿时飞上枝头变成凤凰。后者喜欢的原因是一位遭遇平凡的人，能够因为某个机会，立刻赚得大钱，这是多么振奋人心，多么引人入胜，多么令人羡慕！因此，正如拍电影为追求戏剧效果、吸引观众，而必须放弃冗长无聊的细节，将一个白手起家的财商高的人或一家企业的成功，全归功于一两次重大的突破，把一切的成就全归功于几次的财运。戏剧的手法就把漫长的财富累积过程完全忽略了。但是电影归电影，现实生活中不可能有那么肤浅而富戏剧性的事情。

财商低的人总是好高骛远，看不起小钱，总希望能找出制胜的突破口，一鸣惊人，一口吃成一个大胖子，一出击就能有惊天动地的结果产生。但以历史的眼光看问题，绝大多数财商高的人，其巨大的财富都是由小钱经过长时间逐步累积起来的，初期大部分人所拥有的本钱都是很少的，甚至是微不足道的。一个人想成功致富，就必须首先从心理上摒弃那种"一夜发财致富"的幼稚想法，这才是投资理财的正常、健康的心理状态，只有具备了健康的心理，才可能成功。

有一位白手起家、靠投资股票理财致富的人曾说过："现在已经不同了，股票涨一下就能进账数百万元，赚钱突然间变得很容易了，挡都挡不住；回想30年前刚进股市的那段日子，我费了千辛万苦才赚2万多元，真不知道那时候的钱都跑到哪里去了。"

这种经历对许多曾历尽千辛万苦的白手起家的人而言并不陌生。所谓万事开头难，初期奋斗，钱自然很难赚，等到成功之后，财源滚滚时，又不知道为什么赚钱变得那么容易了，这是一种奇怪的对比现象。

每个人都渴望有轻轻松松地赚第二个100万元、1000万元的能耐,财源滚滚,问题是要赚第二个100万元之前要先有第一个100万元。怎样才能赚到第一个100万元呢?这是个特别关键的问题。如果你想利用投资理财累积100万元的话,则需要时间,必须要经历长时间的煎熬,熬得过赚第一个100万元的艰难岁月,这样才能够享受赚第二个100万元的轻松愉快。

从复利的公式可以看出,要让复利发挥效果,时间是不可或缺的要素。长期的耐心等待是投资理财的先决条件。尤其理财要想致富,所需的耐心不是等待几个月或几年就可以的,而是至少要等20年、30年,甚至40年、50年。

对我们每个人来说,理财都是终生的事业。

能有耐心熬得过长期的等待,时间创造财富的能力就愈来愈大,这就是"复利"的特点。然而今天我们身处事事求快的"速食"文化之中,事事强调速度与效率,吃饭上快餐厅,寄信用特快专递,开车上高速公路,学习上速成班,人们也随之变得愈来愈急功近利、没有耐性,在投资理财上也显得急不可耐,想要立竿见影。但是,我们要知道,在其他事情上求快或许能有效果,唯有投资理财快不得,因为时间是理财必需的条件,愈求快愈不能达到目的。

根据观察,一般的投资者最容易犯的毛病是"半途而废"。遇上空头时期极易心灰意懒,甚至干脆卖掉股票、房地产,从此远离股市、房地产市场,殊不知缺乏耐心与毅力是很难有所成就的。

2. 克服理财盲从的心态

个人理财应有自己的主见,应根据自己对投资领域的分析与把握确定自己的目标。因此，由他人来确定投资预期和目标是不科学的，跟在别人后面制定自己的奋斗目标，并由别人的处事方式决定自己的行动，更是不可取。

在投资领域里，包括立体与平面媒体从每天的许多时段、每周与每天的计分卡记录了各个基金、股票的涨跌与排行榜。这里面包括各种偏颇、不同的评论，内部消息也不断地、有计划地出现，并强烈地影响投资者的投资态度与行为。

这些预测性的信息并非完全科学，因此，投资者应把握投资信息，避免因此而受害。

投资涉及许多普遍存在的数据，包括事实、比率、趋势和预测。从理论上讲，根据这么多严密的登记，通过大量的数据分类、分析与整理，应该可以从中找出一种投资方向。

但是，在实际的投资理财过程中，现实的状况总与数据分析的结果有较大的出入。因此，投资者在进行投资过程中，不可过于轻信数据分析的结果，应将实际情况和历史做一番综合分析，从中得出正确的结论。

3. 克服完美主义的心态

在理财生涯中，试图做一个完美主义者是缺乏成效的，唯有通过学习才能让自己能够清楚地理解、识别并克服完美主义的倾向，从而更成功地积累财富、保存财富。

克服完美主义心理陷阱，可以采用以下方法。

（1）掌握投资方法。不要因为有太多的资讯需要掌握和吸收而无所适从，应尽可能地利用那些便于掌握的资讯，形成一种最适合自己的投资方法，坚持按这种方法进行操作，实施自己的战略。要用自己掌握的投资方法，不过分介意他人的看法。

（2）进行适当的资产配置。在不考虑专门追求市场表现最佳的单一品种情况下，投资市场存在某种理想的资产组合，但它只有在事后才能知道。财商高的人主张不论投资者的年龄大小，为了降低投资风险，都应当持有部分股份和共同基金。

（3）顺从事实。完美主义会使投资者失去理智而陷入困境，所以我们要学会顺从那些无法回避的事实——要知道，我们不可能从很多个项目中选择最好的基金或最好的股票，也不可能在最好的价位中进出市场。要满足于好的股势，力求获得高于平均水准的效果，同时利用常识来避免买进劣质股。

投资者在投资生活中难免发生一些错误，虽然人人都不喜欢这样，但这是事实，所以作为一名理财者，不能过分强调完美无缺。

21世纪里，理财者的未来生活会受到国内与国际的外在环境影响，在未来的岁月里，经济和市场就像永不停息的车轮，但无论怎样转动和变化，只要人们拥有成熟的心态、良好的耐心，面对瞬息变化的环境，正确决策、合理安排，每个人都能成为理财高手。

第二节

活用投资工具，让钱生出更多的钱

赚取钱的差价：买卖外汇

外汇最基本的功能是，作为国家间交易的媒介，它代表着一国货币的购买力，它可以是现钞，可以是汇票，也可以是存款。对于目前国内绝大多数外汇投资者来说，外汇投资就等于购买一些货币，用于防范本币贬值。

外汇主要包括：外国货币，如钞票、铸币等；外币有价证券，如政府公债、国库券、公司债券、股票、息票等；外币支付凭证，如票据、银行存款凭证、邮政储蓄凭证等；其他外汇资金。

外汇必须是以外币计值，能够得到偿付，可以自由交换的外币资产。因此，并不是所有外国钞票都是外汇。

外汇作为国际间商品、劳务交换的中间媒介，同时也为开展国际信贷、国际资金转移和国际投入等一些与国际贸易相关的活动提供了便利条件，它是联结各国经济的纽带。

就一个国家的经济发展而言，该国的经济越是开放，外汇对经济生活的影响就越是举足轻重，因为外汇汇价的波动，往往会改变一国货币的价值，对其物价、生产、就业、投资、贸易、财政等方面产生影响。现在各国政府都将外汇作为重要的政策工具之一，对国民经济实行宏观调控。

一、如何做好外汇投资的准备

要进入外汇市场参与外汇投资活动，都要对参与外汇市场活动的程序有所了解，以做到心中有数。

个人外汇投资不同于办实业、经营公司，虽然没有那样复杂和劳神，但也并不是轻而易举的事。个人进入外汇市场投资之前，必须按有关规则做好投资前的准备。

首先要做好本金的准备，个人进行外汇投资，筹足本金是很重要的条件。一般情况下，外汇投资本金以保证金形式投放，然后由金融公司以融资方式向银行买卖各种外汇。

一般而言，除交足你的基本保证金外，还要凑上一些投资用的外汇本金，便于运作。

由于外汇买卖活动带有一定的投机性，赚钱多少几乎不直接或不完全取决于个人的辛勤程度。因此，本金准备的背景，对你的心理影响和压力是不一样的。如果本金属于你个人自由支配的生活结余款，就不会有较重的思想负担，比较容易轻装上阵，赚了可以自喜，赔了也无关大局。这种本金的准备，是个人外汇投资的最佳本金准备，没有具备这种条件时，可暂时做些别的生意，待赚取足够的资金，再搞这项活动。

其次要做好资格准备，要在外汇市场上进行投资交易，唯一的途径是委托经纪人及办理个人外汇投资服务业务的金融公司，由他们代理自己交易，使自己成为间接进入外汇市场的投资者。所以，你在入市前，必须进行与有关方面的联络和办理可以入市交易的有关手续，取得真正的投资资格。

按一般融资公司的受理业务规定，这方面的准备主要有三点。

1. 选择外汇买卖经纪人作为自己的外汇投资顾问

经纪人是代投资者进行外汇买卖而取得佣金的人。经纪人的服务态度和业务水平的高低，对投资者的获利影响较大。因此，必须选择一位称心如意的经纪人。

经纪人的选择，可以通过熟人介绍，也可以请求办理个人外汇投资业务的金融公司为自己物色。无论走什么渠道，你必须知道经纪人的履历和业绩。

2. 签订委托投资合约，明确投资者与经纪人、金融公司之间的法律关系

当看准经纪人，并对外汇市场的获利潜力已有意识、有兴趣参与投资时，就可以与经纪人协商签订投资合约了。

一般规定，经纪人不得以任何方式损害委托人的利益。因经纪人的过失造成投资者损失的，经纪人要负责赔偿。否则，委托人有权向有关方面投诉。

3. 交付基本投资保证金，开立专用账户

个人外汇投资的本金，不是以合约金额的形式出现的，而是以投资保证金的形式出现的。进行交易的金额要比实际投入的保证金额大得多。比如，你要做10万美元的即市交易，只需提交投资保证金2000～4000美元。这是个人外汇投资的一个特点，也是这种投资的一个优点。凡参与外汇市场投资交易的人，都必须在金融公司开立专用账户，以备做交易时交付保证金。

在进行外汇交易时还要加强计算，做到笔笔有终，心中有数，你可以自己建立核算账本用来记载，反映和核算自己外汇投资业务活动情况。

当外汇投资准备工作结束后，怎样交易和交易结果就成了下一个环节。

二、如何下达交易指令

1. 获取最新市场信息

这是外汇投资者做出投资决策的重要依据，它必须是最真实、最具体、最能表现外汇汇率现状及其走势的资料。在此基础上，确定做哪种货币的交易，然后进行细心思考和酝酿，拿出最初的方案。

2. 向经纪人进行咨询

投资者在综合分析最新外汇市场资料及信息的基础上，开始筹划自己的投资方案。最初的方案应有几种，在进行认真比较分析后，拿出自己认为最为可行的一种或几种，形成框架方案。再去找经纪人进行咨询，请经纪人根据自己掌握的信息和经验，对你提出的疑问一一解答。并且，最好让经纪人帮助自己在框架方案中，选择出他认为的最佳可行方案，并请他帮助修改后再拟出最终的投资方案。

3. 向经纪人或金融公司下达交易指令

向经纪人或金融公司下达交易指令，实质上是一种有具体条件的外汇交易授权单。授权单一式几份，供有关各方保存或做登记处理。上面印有固定内容，要按其项目填写齐全，充分表明自己投资方案的核心内容。

授权单的内容可由你填写，也可以委托别人填写。填写完毕后呈交经纪人或金融公司，同时交付保证金和佣金。保证金、佣金交付后，下达指令就告一段落。

三、交易结果的反馈

每笔交易完成后，金融公司就能提供完整的交易记录及其结果，以结算表和交易单据等形式提供给你或你的经纪人。

因此，每一次交易后，你便可以立即得到经纪人或金融公司提供的有关交易情况及其结果的报告，并且将从中得到有详细交易记录的结算表及交易单据用来核对、保存或核算。

四、安妮的外汇投资

安妮研究生毕业以后，开始考虑自己的财务问题，她省吃俭用攒了一些钱，先是投资定期储蓄，后是外汇，不幸的是汇率一降再降，收益微乎其微。失望之余，深感成为一个富裕的人比登天还难。

2002年底，单位发放年终奖，且数目不少，当下安妮把年终奖金全都买了外汇，买定之后，心里一直忐忑不安，每天担心自己买的外汇汇率降下去了该怎么办。后来，安妮耐不住了，在汇率没跌也没升的时候，原本收回了，那段时间安妮的心情一直很不平静，于是，她又做出决定全部投入外汇，恰巧那时的汇率往上升了一点，她赚了几千元，心中一阵窃喜。然而，不久，汇率往下跌了一点，安妮就像失恋了一样。

可世上并没有卖后悔药的，痛定思痛，经过反思，安妮决定再买，长期持有不动摇。经过谨慎的选择，安妮认购了外汇。可是不幸的是，股市动荡，整个经济受到影响，汇率也受到影响，跌了不少。

但这次安妮咬着牙没有赎回。苍天不负有心人，安妮终于等到了赢利的时候。年底，股市转牛，整个经济都在复苏，汇率也一样，同时也上涨了几个点，安妮尝到了甜头，获利颇丰。

理想的投资：金边债券

对于普通家庭来说，债券是一种很好的投资工具。债券投资期限可长可短，通过不同类别、不同期限的债券组合投资，可以获得较为理想的投资收益。由于债券安全性高、固定收益明确，适用于一般家庭用于养老基金、子女教育基金的项目的投资。但债券较高的安全性是相对而言的，并不等于万无一失，所以必须了解债券、懂得如何分析债券投资。

随着大众金融投资意识的逐渐趋向成熟，对于投资的收益率变化分析及其影响因素的分析越来越仔细，对较小的利益也开始追逐。特别是在我国，股票市场在经历了几年的大起大落后，正在走向健康、规范的发展之路，市场收益率逐渐趋小，而债券投资则以其安全性高、收益适度、流动性也较强等几方面优势，正在吸引越来越多的投资者参与。

进入债券市场的投资者怎样才能投资获利呢？"实践出真知"是放之四海而皆准的真理。但是，在盲目摸索中前进，从失败中吸取教训，一来浪费太多的时间，二来浪费太多的金钱，稍不留神还可能赔进老本，代价太大，实在不值得提倡。

债券是政府、企业（公司）、金融机构为筹集资金而发行的到期还本付息的有价证券，是表明债权债务关系的凭证。债券的发行者是债务人，债券的持有者是债权人，当债券到期时，持券人有权按约定的条件向发行者取得利息和收回本金。由以上概念可以看出，债券本身并没有价值，它只是代表投资者将资金借给发行人使用的债权，能够在市场上按一定的价格进行买卖。

债券投资也像其他的投资一样，它也有自己的投资技巧，使我们可以从中获得更多的收益。

债券的选择

人们进行债券投资，看中的就是债券的安全性、流动性和收益性。然而，由于债券发行的单位不同，债券期限不同等原因，各种债券安全性、收益性和流动性的程度也不同。因此，成功者认为进行债券投资前，需要对债券进行分析比较，然后再根据自己的偏好和实际条件作出选择。

首先，安全性的比较分析。国库券以国家财政和政府信用作为担保，享有"金边债券"的美称，非常安全。金融债券的安全程度比国库券要低一些，但金融机构财力雄厚，信誉好，投资者仍然有保障。企业债券以企业的财产和信誉做担保，与国家和银行相比，其风险显然要大得多。一旦企业经营管理不善而破产，投资者就有可能收不回本金。

因此，投资国库券和金融债券是比较安全的选择，对于企业债券则要把握其安全性。目前，对债券质量的考察，国际上通行的做法是评定债券的资信等级。我国主要参考美国资信评级机构的等级划分方式，根据发行人的历史、业务范围、财务状况、经营管理水平等，采用定量指标评分制结合专家评判得出结论。

一般来说，债券的资信等级越高，表明其安全性越高。从安全性角度考虑，家庭投资债券，选择上市公司债券较好，因为我国公司债券上市的条件是必须达到A级。但资信等级高安全性高也不是绝对的，而且有很多债券并没有评定等级，因此，购买企业债券最好还要对企业本身的情况比较了解。

其次,是流动性的对比分析。流动性起先表现在债券的期限上,期限越短,流动性越强。而后,债券"质量"好,等级高,其交易量大,交易活跃,流动性较强。另外,以公募方式发行的、无记名的债券容易流通。在很多情况下,某种债券长期不流动很可能是发行人不能按期支付利息,财务状况恶化,出现资信等级下降的信号。因此,进行债券投资,一定要注重流动性,尤其是以赚取买卖差价为目的的短线投资者。

再次,是收益性的比较分析。就不同种类的债券来说,其风险与收益是成正比的,收益高,人们才愿意将钱投在风险高的债券上。因此,企业债券的利率最高,金融债券次之,国债利率再次之。但是,它们一般都高于银行储蓄利率。

同一种类的债券,由于债券利率、市场价格、持有期限等的不同,其收益水平也不同。

债券利率越高,债券收益率也越高。同样是面值100元的债券,一个票面利率为8%,一个票面利率为7%,买价均为100元,则前者即期收益率为8%,后者为7%。显然前者更优。

债券市场价格高于其面值时,债券收益率低于其债券利率;反之,债券的市场价格低于其面值时,债券收益率高于债券利率。

当债券的市场价格与面值不一致时,还本期越长,二者的差额对债券收益率的影响越小。债券期限越长,利率越高。

因此,从收益性角度出发,投资者进行债券投资,应当计算多种债券在一定利率水平、市场价格、期限等条件下的收益率,进行比较,选择自己满意的收益率。

最后,综合考虑,选择债券作为投资者,都希望选择期限短、安全性高、流动性强、收益好的证券，但同时具备这些条件的证券几乎是不存在的。投资者只能根据自己的资金实力、偏好，侧重于某一方面，做出切合实际、比较满意的投资选择。

第一，考虑家庭经济状况。在合理安排家庭消费，并具有一定经济保障的前提下，有较大的风险承受力，可以投资高风险、高收益的企业债券。当然，如果你的思想趋于保守，以安全为重，可以将资金大量投资中长期国债。如果你的资金实力弱，则应购买短期债券。

第二，要分析影响债券市场行情变化的因素，做出合理预测，以确定是否买入和买入何种债券。如果预期未来市场利率水平会下降，说明今后债券的行市要上升，这时投资于短期债券，将错过取得更多收益的机会。因此，就应进行长期投资。如果预计发生通货膨胀，债券行市要下跌，可投资短期债券，或者进行实物投资。

第三，要对债券本身进行分析。初次投资最好不要涉足记名债券、私募债券等流动性差的债券，对有偿还条件的债券应给予足够的重视，比如有的债券可以中途偿还一部分本金，投资者提前收回这部分本金又可再进行投资，从而获取更多的收益；有的债券附在购股权证后，其票面利率可能比其他债券低，投资者就要在利息损失和其他实际优惠收益之间进行权衡。

债券投资的巧招

首先，采用固定金额投资法是进行债券、股票投资搭配时的一种"定式投资法"，其具体实施方法是：

将投资资金分为两部分，分别购买股票和债券，并将投资股票的金额确定一个固定的金额。然后，在固定金额的基础上确定一个百分比，当股价上升使所购买的股票价格总额超过百分比时，就卖出超额部分股票，用来购买债券；同时，确定另一个百分比，当股价下降使所购股票价格总额低于这个百分比时，就出售债券来购买股票。

利用固定金额投资法，投资者只根据股票价格总额变化是否达到一定比率进行操作，不必考虑投资时间，简单易行。由于此方法以股票价格作为操作对象，遵循"逢低买进，逢高卖出"的原则，而在正常情况下的股价波动比债券波动大，因此能够获得较高收益。

其次，采用固定比率投资法。固定比率投资法是由固定金额投资法演变而来的，两者的区别仅在于一个是固定比率，一个是固定金额。也就是说，固定比率投资法下股票与债券市值总额须维持一个固定比率，只要股价变动使固定比率发生变动，就应买进、卖出股票或债券，使二者总市值之比还原至固定比率。

固定比率投资法与固定金额投资法具有相似的优点，同样，它也不适用于股价持续上涨或持续下跌的股票。

在固定比率投资法下，制定一个适当的比率是很关键的。具体为多少则依据投资者对风险和收益的倾向来确定：如果投资者倾向于较高的收益和风险，可将债券和股票之比定为20：80；若倾向于较低的风险与收益，则可将债券与股票之比定为80：20。

最后，可采用可变比率投资法，可变比率投资法的基本思路是：随着市场股价的变动随时调整股票在投资金额中所占的比重。这是一种比较复杂的投资计划方法。只有在积累了一定股票操作经验之后，才可采用。采用可变比率投资法，应确定以下事项：

（1）持有股票的最大与最小比率；

（2）每次买卖股票的点数；

（3）调整股票与债券比率时的股价或股价指数水平；

（4）在股票超大买卖的行动点上的股票与债券的比率。

分享公司的成长：投资股票

股票，可以说是近几年国内最热门的投资工具，在股市走牛时期，投资股票更成为全民运动，如1999年股市的"5·19"井喷式行情，许多投资者已把股票的真正价值抛在脑后，而陷入投机狂潮，结果大多数都损失严重，甚至影响了家庭生活品质。

"知己知彼，百战不殆"，投资者应先了解自己的风险承受能力和股市发展规律，才能占有先机。

一、股市大透视

一般说来，一个国家的经济总会存在一种高低速交替发展的循环周期。当一国经济由发展的高峰转向低谷时，由于投资者对未来经济形势可能恶化的预期，导致纷纷看空后市，股市将先于整个经济趋势而率先做出向下调整的反应。此时，投资者一方面出于回避风险的需要，另一方面出于满足未来需要的考虑，将手中股票变成资金转向存入银行或购买债券，股价向下乃是大势所趋，投资者人心所向。此时债券的价格因购买者增多，反而有所上升。反之，当一国经济发展由低谷向高峰迈进时，投资者对于未来经济高速发展导致企业经营环境的改善和企业经济效益大幅提高的预期，为寻求更高的资金收益回报，又纷纷抛售债券或提取存款去购买股票。此时，股价将先于经济趋势做出向上的反应，债券价格因此可能有所下调。

同时，当利率下降时，一方面，投资者出于对相对下降的储蓄收益和投资新债券收益不满足，想谋求新的投资渠道；另一方面，利率下降，降低了企业的经营成本和改善了企业的经营环境，使企业赢利预期增加，从而将资金转向购买股票，促使股价上扬。与此同时，现有债券因收益率的相对提高也吸引了投资者的购买，价格上涨。相反，当利率升高时，投资者的融资成本就会提高，在对收益与风险进行均衡考虑之后，投资者将更多地选择进行储蓄或者购买新债券，从而促使股价以及债券市场现有债券价格下调。

其实通货膨胀对股票市场价格的影响较为复杂。通货膨胀的结果一方面使股份公司的资产因货币贬值而增加，促使股价上涨；另一方面，通货膨胀又使得股份公司生产成本提高，而导致利润下降，促使股价下调。这两方面因素共同对股价作用的结果，将有可能使股价上涨或下跌。此外，通货膨胀对不同性质的企业影响不同，也会促使股价结构的调整与股票价格的波动。

当一国中央银行采取紧缩性货币政策时，证券市场上的资金会相对紧张，企业的信贷规模乃至投资规模都会相对减小，导致投资者对企业赢利的预期减少，促使股价下跌。反之，当一国中央银行采取宽松性的货币政策时，则会促使股价上升。

企业税收的增加（或减少），会使其税后利润减少（或增加），从而影响投资者收益，也会促使股价下降（或上升）。

最后，在汇率方面，当一国外汇汇率下降、本国货币升值时，则有利于进口而不利于出口。一些以出口为主导型的企业股票因其业绩可能受影响而价格下跌；而对以进口为主导型的企业股票而言，因其进口成本（用本币计）下降，可能使利润上升，致使股价随之上涨。

二、如何进入股市

个人理财的投资选择项目有很多，进行股票投资就是其中一项收益丰厚的理财项目。投资者只要持有自己的身份证以及买卖股票的保证金，想买卖股票是很容易的。

第一，办理证券账户卡。投资者持身份证，到所在地的证券登记机构办理证券账户卡。法人持营业执照、法人委托书和经办人身份证办理。入市前，投资者在选定的证券商处存入个人资金，证券商将为其设立资金账户。同时，建议投资者订阅一份《中国证券报》《证券时报》或《上海证券报》，知己知彼，然后"上阵搏杀"。

第二，股票的买卖。股票的买卖与去商场买东西所不同的是，买卖股票不能直接进场讨价还价，而需要委托别人——证券商代理买卖。

找一家离自己住所最近和最信得过的证券商，按要求填写一两张简单的表格，可以使用小键盘、触摸屏等；也可以安坐家中或办公室，使用电话或远程可视电话委托。

第三，转托管。目前，投资者持身份证、证券账户卡到转出证券商处就可直接转出股票，然后凭打印的转托管单据，再到转入证券商处办理转入登记手续；上海交易所股票只要办理撤销指定交易和指定交易手续即可。

第四，分红派息和配股认购。红股、配股权证自动到账。股息由证券商负责自动划入投资者的资金账户。股息到账日为股权登记日后的第三个工作日。投资者在证券商处缴款认购配股。缴款期限、配股交易起始日等以上市公司所刊《配股说明书》为准。

第五，资金股份查询。投资者持本人身份证、证券账户卡，到证券商或证券登记机构处，可查询自己的资金、股份及其变动情况。和买卖股票一样，想更省事的话，还可以使用小键盘、触摸屏和电话查询。

三、投资应买哪种股票

首先，成长性好、业绩递增或从谷底中回升的股票。具体可以考虑那些主营业务突出、业绩增长率在30%以上或有望超过30%的股票，对于明显的高速成长股，其市盈率可以适当放宽。

其次，行业独特或国家重点扶持的股票。行业独特或国家重点扶持的股票往往市场占有率较高，在国民经济中起着举足轻重的地位，其市场表现也往往与众不同。因此，投资者应适当考虑进行这些股票的投资。

再次，公司规模小，每股公积金较高，具有扩盘能力的股票。在一个行业中，当规模扩大到一定的程度时，成长速度便会放慢，成为蓝筹股，保持相对稳定的业绩。而规模较小的公司，为了达到规模效益，就有股本大幅扩张的可能性。

因此，那些股本较小、业绩较好、发行溢价较高，从而每股公积金较高的股票（尤其是新股）应是投资者首选的股票。

然后，价位与其内在价值相比或通过横向比较，有潜在升值空间的股票。在实际交易中，投资者应当尽量选择那些超跌的股票，因为许多绩优成长股往往也是从超跌后大幅度上扬的。

最后，适当考虑股票的走势。投资者应选择那些接近底部（包括阶段性底部）或刚起动的股票，尽量避免那些超涨的正在构筑头部（包括阶段性头部）的股票。

第三节

驾驭风险，理性投资

财商高的人掌控风险

常言道："不入虎穴，焉得虎子。"想创造机会，却想不冒风险，那是不可能的。财商高的人非常清楚地知道风险在所难免，冒险就是抓住机遇。但他们充满自信，在风险中争取获得更多的金钱。

冒风险，当然就要预备付出一定代价，要做好付出代价的心理准备。

一位亿万富翁说："从来没有一个人是在安全中成就一番伟业的。"

许多勇于选择冒险、善于利用机会的亿万富翁，他们总是从不畏惧艰难挫折的挑战，而是将磨难看作对生存智慧的一种检阅。他们通过冒险展现出自己不凡的身手和超乎常人的胆略，无论结果是成功还是失败，都把它视作人生中有价值的部分。成功了，即是取得了重大的收获，进而继续创造更大的辉煌；失败了，便将其作为未来成功的铺垫和教训。

对每一个白手起家的创业者来说，冒险是发财致富不可分割的一部分，是创业过程中必不可少的。假如一次冒险成功了，下次你用更多的资本冒险时，你的自信心会大大提高。

记住，想拥有巨额财富，就必须有强烈的进取心；敢冒风险，机遇才会降临到你的头上。

卓越的人，是在思想上或在行动上最能追求、最能冒险的人，这种卓越性，出自一个较大的内在宝库，他有更多的机会，因此能创造出更多的财富。

财商高的人不仅是谋略家，同时还是有冒险精神的野心家。在商海中，他们只要看准机会，就敢于决断，"大胆下注"。成功的财商高的人，常常会发动果敢的变革或投资行动，有时几乎是以公司命运作赌注。这些行动风险极高，有些是在公司发展初期想要巩固自己的市场地位时采用的战略行动。

琼斯在波士顿刚建铁路的时候就来到这里，那时候，波士顿还是一个小镇，自从建造了铁路，从四面八方聚集来的人越来越多。刚来的时候，他的身上只有500美元，他想在这里做一番大事业。

那时候，适逢土地价格升值，地价疯长，琼斯觉得做土地买卖一定能赚大钱，但苦于没有资金，他想到了租地的办法，几经寻找，他终于找到了一家即将弃用的工厂。琼斯提出租地60年，每年费用为10万美元，这样下来，整个租期厂家共收入600万美元，厂长一听很是高兴，觉得这要比卖地还要赚钱。于是欣然同意了。

虽说600万美元对琼斯来说是一笔庞大的数目。但他并不担心，他又找来了一个投资商伙伴，成功地说服了他在这个黄金地带建造一座大厦。大厦落成以后，琼斯通过不断地努力和宣传，招徕了不少来波士顿投资的商人入住他的大厦。一年下来，大厦给他带来的租金居然有300多万美元，他只需两年时间就可以把所有的租地费用付清了。

而此时，那个把土地租给琼斯的工厂只有后悔的份儿了。

风险意识是指一个人敢于大胆地寻找并没有充分把握的事情的精神。对于财商高的人而言，机遇常与风险并行。一些人看见风险便退避三舍，再好的机遇在他们的眼中都失去了魅力。这种人往往在机会来临之时踌躇不前、瞻前顾后，最终什么事也做不成。我们虽然不赞成赌徒式的冒险，但任何机会都有一定的风险性，如果因为怕风险就连机会也不要了，无异于因噎废食。

大凡成功人士，无不独具慧眼，他们在机会中能看到风险，更在风险中逮住机遇。

美国石油巨商、亿万富翁保罗·盖蒂，一生充满了神秘而传奇的冒险经历，因而被称为"冒险之神"。

盖蒂是一个神秘的冒险家。1957年，当《财富》杂志把他列为全美第一号大富翁之后不久，他写过一篇直言不讳的自述，题目就叫《我如何赚到第一个10亿美元》。在这篇文章里，他以自己的亲身感受讲述了他是如何在冒险中创立起自己的事业王国的。

有人说，盖蒂是用他富有的父亲的遗产进行投资，才获得了成功。其实，1930年他父亲去世时，虽然为他留下了50万美元的遗产，但在他父亲逝世之前，盖蒂本人就已经赚取了几百万美元了。

盖蒂1893年出生于美国的加利福尼亚州，父亲是一位商人。他小时候很调皮，但读书的成绩还算不错，后来进入英国的牛津大学读书。1914年毕业返回美国后，他最初的意愿是进入美国外交界，但很快就改变了主意。

他为什么改变了主意呢？因为当时美国石油工业已进入方兴未艾的年代，雄心勃勃的创业精神鼓舞着年轻的盖蒂到石油界去冒险。他想成为一个独立的石油经营者。于是，他向父亲提出，让他到外面去闯一闯。

但他父亲提出一个条件，投资后所得的利润，盖蒂得30%，他本人得70%。作为父子之间，这个条件算是相当苛刻，但盖蒂爽快地答应了。他有他自己的打算。他向父亲借了一笔钱之后，便径自走出家门，独自来到俄克拉荷马州，进行他的第一次冒险事业。1916年春，盖蒂领着一支钻探队，来到一个叫马斯科吉郡石壁村的地方，以500美元租了一块地，决定在这里试钻油井。工作开始后，他夜以继日地奋战在工地上。经过一个多月的艰苦奋战，终于打出了第一口油井，每天产油720桶。盖蒂说："我最初的成功，多少是靠运气。"因为他打第一口井就打出油来了，而有许多石油冒险家倾家荡产都未打出一滴石油。不管怎么样，盖蒂从此进入了石油界。就在同年5月，他和他父亲合伙成立了"盖蒂石油公司"。不过，虽说是合伙，他仍然遵循他父亲原先提出的条件，只能获取这个公司30%的收益。即使如此，他也依然财源滚滚。就在这一年，他赚取了第一个百万美元，而他当时年仅23岁。

盖蒂很有点不畏艰苦的精神。创业之初，他穿着油腻的工作服，和钻井工人一起在油田里打拼。他说，这也是他成功的一条经验。他认为，一个公司的负责人能与工人们一起奋斗，结为伙伴，士气必然大涨，成功才会有望。

1919年，盖蒂以更富冒险的精神，转移到加利福尼亚州南部，进行他新的冒险计划。但最初的努力失败了，在这里打的第一口井竟是个"干洞",未见一滴油。但他不甘失败,在一块还未被别人发现的小田地里取得了租用权,决心继续再钻。然而这块小田地实在太小了,而且只有一条狭窄的通道可进入此地,载运物资与设备的卡车根本无法开进去。他采纳了一个工人的建议,决定采用小型钻井设备。他和工人们一起,从很远的地方把物资和设备一件件扛到这块狭窄的土地上,然后再用手把钻机重新组装起来。办公室就设在泥染灰封的汽车上,奋战了1个多月,终于在这里打出了油。

随后,他移至洛杉矶南郊,进行新的钻探工作。这是一次更大的冒险,因为购买土地、添置设备以及其他准备工作,已花去了大量的资金,如果在这里不成功,那么将意味着他已赚取到的财富将会毁于一旦。他亲自担任钻井监督,每天在钻井台上战斗十几个小时。打入3000米,未见有油;打入4000米,仍未见有油;当打入4350米时,终于打出油来了。不久,他们又完成了第二口井的钻探工作。仅这两口油井,就为他赚取了40多万美元的纯利润。这是1925年的事情。

盖蒂的冒险一次次地获得成功,这促使他去冒更大的险。1927年,他在克利佛同时开采4个钻井,又获得成功,收入又增加80万美元。这时,他建立了自己的储油库和炼油厂。1930年他父亲去世时,他个人手头已积攒下数百万美元了。随后的岁月,机遇也常伴盖蒂身边。他所买的油田,十之八九都会钻出油来。他最终成为世界著名的富豪。

做任何一件事都有成功和失败两种可能。当失败的可能性大时,却偏要去做,那自然就成了冒险。问题是,许多事很难分清成败可能性的大小,那么这时候也是冒险。而商战的法则是冒险越大,赚钱越多。财商高的人大多具有乐观的风险意识,并常能发大财。

财商高的人相信"风险越大，回报越大""财富是风险的尾巴"，跟着风险走，随着风险摸，就会发现财富。

确实，财商高的人不仅做生意，而且也"管理风险"，即使生存本身也需要有很强的"风险管理"意识。所以在每次"山雨欲来风满楼"时，他都能准确把握"山雨"的来势和大小。这种事关生存的大技巧一旦形成，用到生意场上去就游刃有余了。很多时候，财商高的人正是靠准确地把握这种"风险"之机而得以发迹。

任何一个企业要想做大，所面临的风险都是长期的、巨大的和复杂的。企业由小到大的过程，是斗智斗勇的过程，是风险与机会共存的过程，随时都有可能触礁沉船。在企业的发展过程中常常遇到许多的困难和风险，如财务风险、人事风险、决策风险、政策风险、创新风险等。要想成功，就要有"与风险亲密接触"的勇气。不冒风险，则与成功永远无缘，但更重要的是冒风险的同时，一定要以稳重为主，只有这样的成功，才是我们想要的成功。

敢于冒险往往会取得意想不到的结果

富贵险中求。越想保住既得利益而不敢进取的人，就越发不了财、赚不到钱；天天垂头丧气的人，根本不可能致富。走路抬头挺胸、个性豪爽、敢冒风雨、披荆斩棘的人，才是财神爷的宠儿。因为性格乐观、甘冒风险是干好所有事情的基础。独木桥的那一边是美丽丰硕的果园，自信的人大胆地走过去，摘到甘甜的果实；缺乏自信的人却在原地犹豫：我能过得去吗？——而果实早已被大胆行动的人采走了。

摩根家族的祖先是1600年前后从英国迁移到美洲来的，传到约瑟夫·摩根的时候，他卖掉了在马萨诸塞州的农场，到哈特福定居下来。

约瑟夫最初以经营一家小咖啡店为生，同时还卖些旅行用的篮子。这样苦心经营了一些时日，逐渐赚了些钱，就盖了一座很气派的大旅馆，还买了运河的股票，成为汽船业和地方铁路的股东。

1835年，约瑟夫投资了一家叫作"伊特纳火灾"的小型保险公司。所谓投资，也不用现金，出资者的信用就是一种资本，只要你在股东名册上签上姓名即可。投资者在期票上署名后，就能收取投保者交纳的手续费。只要不发生火灾，这无本生意就稳赚不赔。

然而不久之后，纽约发生了一场大火灾。投资者聚集在约瑟夫的旅馆里，一个个面色苍白，急得像热锅上的蚂蚁。很显然，不少投资者没有经历过这样的事件。他们惊慌失措，愿意自动放弃自己的股份。

约瑟夫便把他们的股份统统买下，他说："为了付清保险费用，我愿意把这间旅馆卖了，不过得有个条件，以后必须大幅度提高手续费。"

约瑟夫把宝押在了今后。这真是一场赌博，成败与否，全在此一举。

另有一位朋友也想和约瑟夫一起冒这个险，于是，俩人凑了10万美元，派代理人去纽约处理赔偿事宜。结果，从纽约回来的代理人带回了大笔的现款，这些现款是新投保的客户出的比原先高1倍的手续费。与此同时，"信用可靠的伊特纳火灾保险"已经在纽约名声大振。这次火灾后，约瑟夫净赚了15万美元。

这个事例告诉我们,能够把握住关键时机,通常可以把危机转化为赚大钱的机会。这当然要善于观察、分析市场行情,把握良机。机会如白驹过隙,如果不能克服犹豫不决的弱点,我们可能永远也抓不住机会,只能在别人成功时慨叹:"我本来也可以这样的。"

身处逆境当中,不气馁、不失去希望当然是重要的,承受压力甚至苦难,顽强地忍耐着等待机会则更显可贵。但是,命运的改变往往就在于某一个机会上,抓住这个机会可能成功,也可能失败,成功与失败均是不可预见的,去做就意味着冒险;而在失败与成功都不可把握时,就更意味着风险。那么,面临此等机会,我们该怎么办?

"高风险意味着高回报",只有敢于冒险的人,才会赢得人生辉煌;而且,那种面临风险审慎前进的人生体验为我们练就了过人的胆识,这更是宝贵的精神财富。犹太人无疑是这种财富的拥有者,他们凭着过人的胆识,抱着乐观从容的风险意识知难而进,逆流而上,往往赢得了出人意料的成功。这种身临逆境、勇于冒险的进取精神是成就"世界第一商人"的又一重要因素。

一位亿万富翁曾这样说:"风险和利润的大小是成正比的,巨大的风险能带来巨大的效益;幸运喜欢光临勇敢的人,冒险是表现在人身上的一种勇气和魄力。"

冒险与收获常常是结伴而行的。险中有夷,危中有利。要想有圆满的结果,就要敢冒风险。我们虽然有成为百万富翁的欲望,却不敢冒险,那怎么能实现伟大的目标?

世上没有万无一失的成功之路,动态的命运总带有很大的随机性,各种要素往往变幻莫测,难以捉摸。在不确定的环境里,人的冒险精神是最稀缺的资源。

如果我们不想冒险，那么我们就无法谋求改变。然而，如果我们总是逃避改变，安于现状，我们就绝不会拥有成长的机会。许多人都认为稳定以及对生活的提前预见是人生幸福的保证。然而，事实上改变我们本身才是你我以及每一个人生活的真正航线。

赌博心态要不得

正因为生活离不开金钱，许多人便强烈地追求它，甚至为了金钱不惜把自己的明天也赌上，这样一种不负责、带有赌博性质的致富行为是要不得的。

在赌局中往往有这样一种人。他看见局中热闹，忍不住心跳，也想赌它一把，无奈患得患失，瞻前顾后，在一旁看得手心都冒了汗。自以为看出了门道，忽地一头扎下去，连头发都不露出一撮来。这种心态，其结果多半会失败。

这种人还很爱说赌一把，喜欢搞投机。这是一种人生的心态。

如今的炒股风越刮越猛，一些人就迷住"它"，茶不思，饭不想，为伊消得人憔悴。可悲的是，这种人别说掌握股市的动向，就是股市风吹到他们面前，他们也分不清方向、测不出风力。一发现某只股票有利可图，马上全力追进，用尽全部积蓄，像押宝押注在同一只股票上，结果仅有的钱多半因股市的行情起伏而亏损。更为糟糕的是，初遭挫折的人，心态变得更加急切。如果钱不属于自己一个人，这时候，家里、外面的压力也来了，心情觉得烦躁，一心就想着要翻本，要加码赌一把狠的，要把握住那罕有的机会，结果亏损就继续扩大，以致更加困窘。

百富勤曾经是在香港的金融市场里叱咤风云的明星级证券行,但是在亚洲金融风暴中宣告清盘,仅仅10年,百富勤从无到有,又从有到无。它的成功和失败,到底能带给人们多少启发呢?

百富勤的创办人是杜辉廉和梁伯韬,他们都是香港证券业里屈指可数的精英。1987年的股灾之后,香港的股票市场一片狼藉,就在这时候,杜辉廉和梁伯韬两人开办了百富勤国际公司。

在天时、地利、人和的配合下,百富勤就像一只展翅的雄鹰,以"快、狠、准"的经营作风,抓住每一个可以实现丰厚利润回报的机会,勇于开拓。所以在短短的10年间,百富勤就由一间3亿港元的小经纪行发展到总资产240亿港元的跨国集团公司,被认为股市的神话。

百富勤的投资项目非常广泛,覆盖的地区也很广,主要的业务包括股票产品、定息债券、直接投资、资金管理、物业投资及发展和投资买卖,等等,也就是说,只要是高利润、高回报的业务,百富勤都是满怀兴趣地加入。

从1993年开始,随着亚洲经济的发展,急需大量的资金,世界各地的资金源源不断地流入亚洲市场。百富勤就抓住这次大好机会全力发展证券业务,在1994年成立定息工具部门,主要为亚洲企业以亚洲货币发行债券集资。该部门的发展以超乎想象的速度发展,先后参与了6个国家的3项发行债券活动,债券总额达到150亿美元。

百富勤的发展表面上看来一帆风顺,其实投资风险一直伴随在它身边,只不过百富勤成功得太快,它忘记了投资的要诀——"分散风险",导致它的投资金额过大,而且忽略了亚洲市场的风险,孤注一掷地把资金投入亚洲，没有分散资金投资到其他市场，导致了最后的失败。

导致百富勤全军覆没的失误是印度尼西亚投资业务。由于百富勤的投机心理太强，越高风险的业务就越投入得多，所以在印度尼西亚和韩国的投资讨大，将近6亿美元，相当于总投资的25%～30%。它忽视了汇率的风险，也没有考虑到自己对风险的承担能力。

很快，由于印尼盾和韩元大幅贬值，百富勤的投资造成了重大的损失，尤其是定息债券（这些债券以有关国家货币计算价值）损失惊人，账面损失高达10亿美元，约77亿港元，加上其他部门的亏损，总损失达100多亿港元。

在沉重的打击下，百富勤终于支撑不住，宣告清盘。它的成功在于选择了许多投资机会，所以得以发展；它的失败则在于其投机心理太强，以孤注一掷的方法进行，要么大富，要么就一败涂地。

赚钱不是赌博，不能不管三七二十一、孤注一掷，即使赢了也不见得是好事，输了更是一塌糊涂。做生意也不是找金矿，金矿找到了自然致富，可是天下有多少人找到了金矿呢？世上只有持久的生意，没有持续的暴利，与其求横财，不如细水长流、积少成多。老老实实做生意，天天有薄利，日久天长，最终也可以成为商界巨子。所以古人说："生意如牛涎。"做生意就要像牛的垂涎一样，又细又长，拖之不断。只要生意不断线，利润少一些也没关系，比起要么暴发、要么一败涂地，不知要可靠多少倍。

第四章
财商与机遇：
财商创造机遇，机遇造就财富

第一节

机遇造就亿万富翁,机遇其实也是创造出来的

亿万富翁是机遇创造的

中国有句古话说得好,"时势造英雄",把它放在创富上依然成立。时势为时代创造出创富的机遇,这些机遇造就了一大批成功者。因此可以说,亿万富翁是机遇创造出来的。

人与人之间的穷富本没有距离,却因机遇被利用的程度,而形成了三六九等。

詹姆斯本来在波士顿一家百货公司里当打字员,工作辛苦,薪水却不多,一个月才2000美元,仅够糊一家8口的嘴,不致挨饿。

但不幸的是,詹姆斯意外地卷入一桩纠纷之中,失业了,他们一家的生活,现在只有靠他妻子替人家洗衣服来维持了!

有一天,他在教两个大孩子认字,忽然来了一阵风,把桌上的纸吹走了,掉得满地都是;他气恼万分,蹲下身去把纸张逐一捡起来,叠成一叠。他无意中想到,假如用一个小夹子把这些纸夹起来,这样不就不会被风吹走了吗?

这样的夹子，不是没有。可是市面上卖的夹子体积很大，用起来不方便。如果有人能造出一种轻便的夹子把纸张夹住，那是多好的事啊！

有一天晚上，他刚刚用铁线替他太太编好一个篮子，剩下一些零碎、长短不齐的铁线丢在桌子上。他随手拿起一条，无目的地扭弄着，时而扭向东，时而扭向西。

这时，他的岳母在给孩子们讲一个民间故事，最后的几句格言，深深打动了他的心：

太阳下的每一灾祸，

必有法子补救，或者没有法子补救。

若有，去寻求补救。

若无，不要内疚。

他重复着这几句话，想到自己的失业、孩子们的失学、太太的操劳、丈母娘的眼泪，偶然他也想到那个夹文件的小夹子。

忽然，他灵机一动，就把那根小铁线扭成一个回形夹子，把它夹在一叠纸张上，拿起来一看，居然把纸张夹得牢牢的。

他一兴奋，又扭起第二个，扭得更美观些。

再扭第三个，当然又更进一步。不由得令他想，如何能够把这些铁线夹子扭得更快！更好！

想了好几天，扭了好几十次，他终于想出制造"万字夹"的方法来了。

他和妻子商量好一会儿，希望她能想办法向人家借 2000 美元，试行制造这种万字夹出售。

他的妻子勉为其难地答应了他的要求。几番奔波，才向人家借来

2000 美元。他就用这 2000 美元制成了一架小型的手摇机器,买了几十磅铁线,开始制造万字夹了。

制好以后,他又拿着万字夹到各文具店推销。因为是新产品,不知道销路如何,所以大多数文具店不肯代销,只有少数商店勉为其难答应代销。

没想到,由于是新产品,而且用起来确实很方便,用的人倒不少。订购万字夹的文具店越来越多了,有不少店主,还亲自跑到贫民区去找他要货。

他,由两个星期销出 30 千克万字夹,变为一天内就销出 300 千克万字夹了!

8 年后,詹姆斯成为拥有 8 家大工厂的万字夹大王!

没有经历失败的痛苦,没有偶然发现的"万字夹"的机遇,就没有詹姆斯的成功,正是机遇造就了他这个"万字夹大王"。

机遇即行事的际遇和时机,是客观存在的,但又是稍纵即逝的。它对处于同一条件下的每一个人、每一个单位都是均等的,也是无情的。机遇像一匹飞奔的马,当它奔来时,你如能当机立断、跨马扬鞭,就会受益得福。否则,马儿擦身而过,只留下尘埃一片,你就将后悔莫及了。

露伊丝打小就酷爱养花弄草。在家乡的小镇上,家家户户房前屋后都种满了花草树木。露伊丝的父亲更是对种养花草一往情深,把自家院落布置得像个大花园。在父亲的影响下,她从小就有一个不大的梦想——开一家属于自己的鲜花店。但是,历史的机遇让她的梦想在她职业高中毕业后拐了一个弯,她走进一家大型国有商场。繁忙的工作并没有把她的梦想淹没,她时常到花市走走看看,还订阅了一些花卉报纸杂志研读。

1997年，露伊丝所在的商场因经营不善而倒闭，下岗后的她很快找到了另一份工作——在一家私营通信公司做营销员，并包揽了一个县城的全部业务。搞营销的经历锻炼了露伊丝经营方面的才能，更增强了她开鲜花店当老板的念头。

两年后，她离开通信公司，静下心来调查家乡鲜花市场的行情。她发现，当地鲜花店越开越多，竞争非常激烈，如果涉足，风险很大，几乎没有成功的机会。于是，她把眼光转向盆栽的绿叶植物，一番调查后，她得到了与鲜花市场同样的结论。

有没有既美观大方、有品位，又容易养护、生长时间长的花卉品种呢？正当露伊丝为此苦苦思索时，一篇关于瑞士"拉卡粒"无土栽培技术及其他一些关于水培技术和无土栽培花卉的文章深深吸引了她，看着图片上那些生长在透明玻璃瓶里，在五颜六色的营养液里伸展着可爱的根部的花卉，露伊丝的心被触动了："这不正是我日夜寻找的东西吗？"

露伊丝认真思考了这种花卉的市场前景。不用土、没有异味、没有污染、不生虫，还能观赏从叶到根植物生长的全过程，正常情况下，半个月左右换一次水就可以了。

现代人生活节奏加快，让人在闲暇之余变得更"懒"了，对越方便的东西越青睐。这就为露伊丝那让人不费劲就能享受到绿叶鲜花的"懒人植物"提供了机遇。

"我何不把它叫作'懒人花卉'呢？"

露伊丝按图索骥，找到了那位研究水培花卉技术的工程师。凭着自己的聪明才智，经过几天的学习，她就掌握了这项少有人问津的新技术。

带着"拉卡粒""营养液"和胸有成竹的自信，露伊丝匆匆赶回家乡。在家中，她独自对吊兰、多子斑马等十几个品种进行了两个星期的实验，相当成功。

看准了"懒人花卉"的庞大市场，露伊丝说干就干，在家乡成立了首家"懒人花卉"培育中心。这个中心拥有大型苗圃，采取连锁经营的方式，在花草鱼虫市场、超市和居民小区等人口集中地区开分店，为人们美化居室提供服务。

"懒人花卉"一亮相，就受到人们的喜爱，顾客蜂拥而至。

露伊丝取得了巨大的成功。

在机遇的催生下，露伊丝成功了。露伊丝的成功给我们一个重要启示，即善于发现机遇并抓住机遇，机遇就会造就你的成功。

财商高的人做机遇的主人

"设计运气，就是设计人生。所以在等待运气的时候，要知道如何策划运气。这就是我，不靠天赐的运气活着，但我靠策划运气发达。"这是美国石油大亨约翰·D.洛克菲勒说的话。

1861年美国南北战争爆发了。

随着战争形势的迅猛发展，为了保证军需用品的供应，华盛顿联邦政府把重点放到东西横向的大量铁路的修建上。不久，大铁路网建成，投入使用，它连接了大西洋沿岸的东北部城市和大陆中部的密西西比河谷，这使新兴城市克利夫兰的交通枢纽地位更加突出。

洛克菲勒对这种天时地利的好机会是绝对不会放过的。

"战争，战争。"洛克菲勒兴奋地在办公室里来回踱步，和他往常沉静的模样判若两人。

"战争怎么样呢？莫非你想去打仗？"克拉克不解地问。

"打仗？除非我疯了。"洛克菲勒顿了顿，又说，"咱们要抓紧时机。"

"对，抓紧时机大干一场。连续两年的霜害使许多州的农作物遭到灾难性的打击，现在战争又开始了，你知道这一切意味着什么？意味着食品和日用品的大量短缺，意味着大规模的饥荒。"

洛克菲勒滔滔不绝地说着，像个演说家。金钱在任何时候都是超级兴奋剂，眼下更是如此。

但是他们公司的所有积蓄加到一块儿，也不够买下洛克菲勒想要吃进的那么多货物。然而时间即金钱，战火已在蔓延，物质短缺的现象已经发生。现在，向银行贷款对洛克菲勒来说已经不是难题了，这次他不是贷2000元而是贷2万元。

然而银行一眼看透了洛克菲勒想借战争发财的念头，尽管洛克菲勒有足够的信誉，仍然只给他2000元。

洛克菲勒还想说什么，但银行的汉迪先生挥挥手，让他出去。

2000元就2000元吧，洛克菲勒向汉迪先生鞠了一躬。

他的心思已经全部集中到这一场赌博一般的生意是否能赚钱，银行的贷款是否有能力偿还上。

洛克菲勒通过对战争形势的深刻分析，投机生意做得越来越红火，从中赚取的利润成倍增长，那些从中西部和遥远的加利福尼亚购进的食品甚至连华盛顿联邦政府的需求都不能满足，另外从密歇根套购的盐也因为供求数量的悬殊而大赚特赚。

把握机遇的并非命运之神，而恰恰是我们自己，正如伊壁鸠鲁所说:"我们拥有决定事变的主要力量。因此,命运是有可能由自己来掌握的,愿你们人人都成为自己幸运的建筑师。"

有些人,由于平时没有养成利用机遇、挑战机遇的精神,当机遇忽然来临时,反而心生犹豫,不知该不该抓住。于是,在患得患失之际,与机遇擦肩而过,悔之晚矣。因此,在平时就应养成利用机遇、挑战机遇的精神。比如,若有在众人面前表现或发表意见的机会,就应尽量利用,一方面克服心理障碍,一方面锻炼自己的胆识。

一个不善利用机遇的人,就好像茫茫大海中一只没有航向的小船一样,一旦没有了风的吹动,它将永远盲目地在海上漂流,如果遇到了暗礁,会立刻撞得粉身碎骨。

拉菲尔·杜德拉,委内瑞拉人,他是石油业及航运界知名的大企业家。他以善于"创造机会"而著称。他正是凭借这种不断找到好机会进行投资而发迹的。在不到20年的时间里,他就建立了投资额达10亿美元的事业。

在20世纪60年代中期,杜德拉在委内瑞拉的首都拥有一家玻璃制造公司。可是,他并不满足于干这个行当,他学过石油工程,他认为石油业是个赚大钱且更能施展自己才干的行业,他一心想跻身于石油界。

有一天,他从朋友那里得到一则信息,说是阿根廷打算从国际市场上采购价值2000万美元的丁烷气。得此信息,他充满了希望,认为跻身于石油界的良机已到,于是立即前往阿根廷活动,想争取拿下这个合同。

去后,他才知道早已有英国石油公司和壳牌石油公司两个老牌大企业在频繁活动。这本来已是十分难以对付的竞争对手,更何况自己对经营石油业并不熟悉,资本又不雄厚,要做成这笔生意难度很大。

然而,他没有就此罢休,而是采取迂回战术。

一天,他从一个朋友处了解到阿根廷的牛肉过剩,急于找门路出口外销。他灵机一动,感到幸运之神到来了,这等于给他提供了同英国石油公司及壳牌公司同等竞争的机会,对此他充满了必胜的信心。

他旋即去找阿根廷政府。当时他虽然还没有掌握丁烷气,但他确信自己能够弄到。他对阿根廷政府说:"如果你们向我买2000万美元的丁烷气,我便买2000万美元的牛肉。"当时,阿根廷政府想赶紧把牛肉推销出去,便把购买丁烷气的标给了杜德拉,他终于战胜了两个强大的竞争对手。

标争取到后,他立即加紧筹办丁烷气。他随即飞往西班牙。当时西班牙有一家大船厂,由于缺少订货而濒临倒闭。西班牙政府对这家船厂的命运十分关注,想挽救这家船厂。

这一则消息对杜德拉来说,又是一个可以把握的好机会。他便去找西班牙政府商谈,杜德拉说:"假如你们向我买2000万美元的牛肉,我便向你们的船厂订制一艘价值2000万美元的超级油轮。"西班牙政府官员对此求之不得,当即拍板成交,马上通过西班牙驻阿根廷使馆,与阿根廷政府联络,请阿根廷政府将杜德拉所订购的2000万美元牛肉,直接运到西班牙。

杜德拉把2000万美元的牛肉转销出去了之后,继续寻找丁烷气。他到了美国费城,找到太阳石油公司,他对太阳石油公司说:"如果你们能出2000万美元租用我这条油轮,我就向你们购买2000万美元的丁烷气。"太阳石油公司接受了杜德拉的建议。经过这一串令人眼花缭乱的商业运作之后,杜德拉大获成功,从此,他便打进了石油业,实现了跻身于石油界的愿望。经过苦心经营,他终于成为委内瑞拉石油界巨子。

在19世纪50年代,美国加州一带曾出现过一次淘金热。年轻的犹太人列瓦伊·施特劳斯听说这件事赶去的时候,为时已晚,从沙里淘金的活动已接近了尾声。

他随身带了一大卷斜纹布,本想卖给制作帐篷的商人,赚点钱作为创业的资本,谁知到了那里才发现,人们早就不需要帐篷,而需要结实耐穿的裤子,因为人们整天和泥水打交道,裤子坏得特别快。

他脑筋动得快,就把自己带来的斜纹布,全做成耐用耐穿的裤子,于是,世界上第一条牛仔裤诞生了。

后来,列瓦伊·施特劳斯又在裤子的口袋旁装上铜纽扣,以增加裤子口袋的强度。此后,列瓦伊·施特劳斯开始大量生产这种新颖的裤子,销路极好,引得其他服装商竞相模仿,但是列瓦伊·施特劳斯的裤子仍一直独占鳌头,每年大约能售出100多万条这样的裤子,营业额高达5000万美元。

看来,生意场上的确有运气存在,列瓦伊·施特劳斯用斜纹布做裤子的时候,不会想到这种用斜纹布做成的裤子会被人叫作"牛仔裤",也不会想到这种牛仔裤会造成服装界的革命,更不会想到在20世纪60年代大行其道,甚至成为那个叛逆时代的精神象征。

19世纪50年代的淘金热对于犹太人列瓦伊·施特劳斯来说无疑是一次天赐的机遇,但他没有赶上。怎么办?于是他要为自己创造机遇,这才有了今天大行其道的牛仔裤。他的例子充分说明,没有机遇,就要积极创造机遇,这就是财商高的人的特质之一。

当然,创造机遇的财商高的人也有差别,有些人创造的机遇小一些,有些人创造的机遇大一些,机遇的大小也就决定了财商高的人的差距。

苏格拉底有一句名言:"最有希望成功的,并不是才华出众的人,而是善于利用每一次机会并全力以赴的人。"

对待机会，有两种态度：一是等待机会，二是创造机会。等待机会又分消极等待和积极等待两种。不过，不管哪种等待，始终是被动的。你应该主动去创造有利条件，让机会更快降临到你身上，这才是创造机会。

创造机会，首先要克服种种障碍。错误的思想、不正确的态度、不良的心理习惯，是创造机会的主观障碍。克服不了主观障碍，就会出现拖自己后腿、被自己打败的情形。

其实，生活中到处充满着机会！学校的每一门课程、报纸的第一篇文章、每一个客人、每一次演说、每一项贸易，全都是机会。这些机会带来教养，带来勇敢，培养品德，制造朋友。对你的能力和荣誉的每一次考验都是宝贵的机会。

机遇不会落在守株待兔者的头上，只有敢于行动、主动出击的人，才能抓住机会。有一句美国谚语说："通往失败的路上，处处是错失了的机会。坐待幸运从前门进来的人，往往忽略了从后窗进入的机会。"

争取机遇，抓住机遇，就要勇敢地以自己的最佳优势迎接挑战，要力求选择最佳方案，然后付之于行动。必须主动寻觅机遇，要敏锐地"抓住机遇"。机遇只能馈赠给踏破铁鞋、积极寻求的探索者，而不是恩赐给守株待兔、消极等候的人。

寻找机遇，就必须睁大双眼，紧紧盯着各种信息。善于抓住信息并善于运用信息，就在相当大的程度上抓住了机遇。

获得机遇是好事，但是不能把机遇等同于成功，不可把契机当成特权。机遇，只是提供了成功的可能性，要真正获得成功，仍然需要百折不挠的奋斗。

第二节

机遇只青睐有准备的人

只要你去发现，机遇就在身边

我们不要报怨缺少机遇，机遇就在我们身边，我们所缺少的只是发现机遇的眼睛。许多财富就是从这些被大多数人所忽略掉的机遇中获得的，那些别人毫不重视或完全忽略的生活细节中往往蕴藏着巨大的财富和成功的机会。当你在这些平凡之中找到真正的问题所在，解决了这些问题，创造出价值，那你的价值也得到了体现。

或许人人都希望自己是天才，希望获得成功，希望在世人瞩目的领域获得非凡的成就，但是许多时候，即使是像飞机这样的科技，像浮力原理这样的理论，也都是从平凡中被发现到的。

有一个男人，因为妻子病残，不得不自己洗衣服。在此之前，他是一个十足的懒汉，而现在他才发现洗衣服是多么费时费力的活儿，于是他发明了最简单的洗衣机，赚了一大笔钱；一位妇女习惯把头发缠在脑后，让自己看起来更美一些，而她的丈夫通过在一旁细心观察，发明了发卡并在他的工厂里大量生产，创造了一大笔财富；还有一位新泽西州的理发师，经过仔细观察，发明了专供理发用的剪刀，以至成了大富翁。

美国第20任总统詹姆斯·加菲尔德曾经说过这样的话："当人们发现事物的时候，事物才会出现在这个世界上。"如果没有人发现新事物、发现新问题，那即使它是客观存在的，也不会有人了解。可见，发现对于我们是多么重要。

希尔指出："机遇就在你的脚下，你脚下的岗位就是机遇出现的基地。在这萌发机遇的土壤里，每一个青年都有成才的机会。当然，机遇之路即使有千万条，在你脚下的岗位却是必由之路、最佳之路。"机遇并非天上之月，高不可攀，机遇其实存在于平凡之中，把远大的理想同脚踏实地的工作联系起来，在平凡的工作中埋头苦干，坚持不懈，总会找到成功的机遇的。

日常的生活，充满着睿智哲学；普通的现象，包含着科学规律；平凡的工作，孕育着崇高伟大；简单的问题，反映着深刻道理。不要忽略我们身边那些平凡的东西，它们就像沙滩中的金粒，只要我们善于发现、善于提炼，便会凝结成一座巨大的"金山"。

瓦特从水壶盖的振动中发现了蒸汽的力量，改良了蒸汽机，给人类带来一场深刻的工业革命；牛顿从树上掉下来的苹果中受到启发，发现万有引力，为经典力学做出巨大的贡献；莱特兄弟在摆弄橡皮筋飞行器和鸟类羽翼时发现了飞行的基本原理，并在此基础上建造了最早的飞机，推动了人类在蓝天中自由翱翔的梦想的实现……

在我们周围，已经有成千上万的人依靠从平凡中发现的问题，寻找到解决的方法，为人们的生活和社会的进步提供了便利，同时也挖掘到了自己巨大的财富。

所以不要对身边的事情视若无睹，立足于眼前，以你睿智的眼光主动去寻找,机遇就在你的身边。

冬日的午后,一个渔夫靠在海滩上的一块大石头上,懒洋洋地晒着太阳。

这时,从远处走来一个怪物。

"渔夫!你在做什么?"怪物问。

"我在这儿等待时机。"年轻人回答。

"等待时机?哈哈!时机是什么样子,你知道吗?"怪物问。

"不知道。不过,听说时机是个很神奇的东西,它只要来到你身边,你就会走运,或者当上了官,或者发了财,或者娶个漂亮老婆,或者……反正,美极了。"

"嗨!你连时机是什么样都不知道,还等什么时机?还是跟着我走吧,让我带着你去做几件于你有益的事吧!"怪物说着就要来拉渔夫。

"去去去!少来添乱!我才不跟你走呢!"渔夫不耐烦地说。

怪物叹息着离去。

一会儿,一位哲学家来到渔夫面前问道:"你抓住它了吗?"

"抓住它?它不是一个怪物吗?"渔夫问。

"它就是时机呀!"

"天哪!我把它放走了!"渔夫后悔不迭,急忙站起身呼喊时机,希望它能返回来。

"别喊了,"哲学家说,"我告诉你关于时机的秘密吧。它是一个不可捉摸的家伙。你专心等它时,它可能迟迟不来,你不留心时,它可能就来到你面前;见不着它时,你时时想它,见着它时,你又认不出它;如果当它从你面前走过时你抓不住它,它将永不回头,你便永远错过了它。"

愚蠢者等待机遇，聪明者创造机遇。这则故事告诉我们，"守株待兔"是永远得不到机遇的垂青，有的只是与机遇一次次擦肩而过。

戴尔·卡耐基说："能把在面前行走的机会抓住的人，十次有九次都会成功；但是为自己制造机会、阻绝意外的人，却稳保成功。"

奥格·曼迪诺说："想成功，必须自己创造机会。等待那把我们送往彼岸的海浪，海浪永远不会来。愚蠢的人坐在路边，等着有人来邀请他分享成功。"

美国新闻记者罗伯特·怀尔特说："任何人都能在商店里看时装，在博物馆里看历史。但具有创造性的开拓者在五金店里看历史，在飞机场上看时装。"同样一个危机，在别人眼中是灾难，但在财商高的人眼中则是机遇。他不是在家坐以待毙，而是积极采取行动，在经济危机之中为自己创造一个天大的商机。

不要坐待机遇来临，而应主动出击，寻找潜在的机遇。善于发现、主动发现问题的人往往创造的机遇比他等到的多，成功的人胜过他人的并非幸运，而在于他善于发现，并且致力于解决问题。

很多时候，主动出击的人往往能抢得先机，也往往是最后获得成功的那些人。期待问题自己暴露出来，然后才寻求解决之道的人，往往已经错失了最佳的机会，只能成为被机遇抛弃的失意的人。

按兵不动，择机而动

看准时机需要眼力，这是成大事者成功的关键，因为如果没有善于训练自己眼力的功夫，即使金子在眼前，也如同石头。

有位记者曾与老演员查尔斯·科伯恩进行过一次交谈。记者问他:一个人要想在生活中能拼能赢,需要的是什么?大脑,精力,还是教育?

查尔斯·科伯恩摇摇头:"这些东西都可以帮助你成大事。但是我觉得有一件事甚至更为重要,那就是看准时机。"

"这个时机,"他接着说,"就是行动——或者按兵不动,说话——或是缄默不语的时机。在舞台上,每个演员都知道,把握时机是最重要的因素。我相信在生活中它也是个关键。如果你掌握了审时度势的艺术,在你的婚姻、你的工作以及你与他人的关系上,就不必去追求幸福和成功,它们会自动找上门来的!"

一位睿智的诗人这样描述人生:"事情该来的时候就自然会来,我们有什么理由去焦急、忧虑呢?"最佳最美的事情必须给它们成长的时间。机遇也是如此,我们必须知道,在它们根本就不能生长出来的情况下,我们该如何等待。

等待是一门艺术。当我们悲哀、焦虑时,请记起这句古代格言——一切都会过去的。如果我们懂得如何等待,阴影便会散去,伤口便会愈合。

有这样一句话:"如果一个人耐心等待,那么他就能得到任何东西。"

塞万提斯深谙等待的艺术。一个人对如何等待考虑得越多,他就越聪明。塞万提斯的格言是:"耐心些,重新洗牌。"当时他在文坛正处在不利的地位,他等待了很多年,却从没有在文学方面搞过投机的把戏。但是他心中的这把牌究竟是好是坏呢?

塞万提斯懂得如何等待,他已经为实现目标准备了很久。最后,看似幸运的东西也根本就不能称为幸运,而有些人却以为他靠投机获得了成功。

机遇通常有很多种形式,我们可以根据不同的变化选择不同的机遇,抓住时机。

(1)社会形势发生变化。或许有人会说,在这个时代,社会经常处在变化中,这是普通百姓所无法驾驭的。但是,只要你有抓住机遇的意识,冷静判断,就可以抓住成功的机遇。在我国改革开放中,社会的发展变化异常迅速,人们的价值观念、物质需求等时时刻刻都在变化。这个时代为我们创造了很多机遇。许多成功的企业家就是准确抓住社会形势变化的焦点而一跃成功的。

(2)许多意外事件。各种天灾人祸的发生,对社会和许多人来说是坏事,而坏事的发生也会给许多人带来难得的机遇。因为有灾难就会有恢复,有恢复就有种种需求,社会需求的产生就给有准备的人带来了机遇。

(3)问题的出现往往也是一种机遇。问题代表你发展的瓶颈,一旦瓶颈消失,你就获得了能力提升。在一定意义上可以这样说,没有问题,也就没有机遇。牙刷不好,这是一个问题,许多人都发现了这个问题,但没有设法去解决这个问题,所以机遇就不属于他们。而加腾信三既发现了问题,又设法解决了问题,牙刷不好的问题对他来说,就是一种机遇。

(4)广泛的交往可以使遇到机遇的概率提高。交往越广泛,遇到机遇的概率就越高。有许多机遇就是在与别人交往中出现的,有时甚至是在漫不经心的时候,朋友的一句话、朋友的帮助、朋友的关心,等等,都可能化作难得的机遇。

(5)品德创造机遇。塑造良好的品德似乎与机遇关系不大,其实不然。有些机遇的来临，就是因为关键人物看上了你这难得的高尚品德。

抓住机遇，我们必须静待时机，择机而动。

（1）不断提醒自己，把握潮头。莎士比亚曾经写道："人间万事都有一个涨潮时刻，如果把握住潮头，就会领你走向好运。"一旦你明确了"看准时机"的全部重要意义，你就朝着获得这种能力的方向迈出了第一步。

（2）当你被愤怒、恐惧、忌妒或者怨恨等负面情绪所驱使时，千万不要做什么或者说什么。这些情绪的破坏力量可以毁坏你精心建立起来的"观时机制"。古希腊哲学家亚里士多德留下一段著名的话："任何人都会发火的——那很容易；但是要做到对适当的对象，以适当的程度，在适当的时机，为适当的目的，以及按适当的方式发火就不是每个人都能做到的了。这不是一件容易事。"

（3）学会忍耐。过早的行动往往欲速则不达。在时机来临之前，我们必须学会忍耐，这也是一种智慧。

（4）我们要学会做一个局外人，这是最难的一条。我们每时每刻都是与所有的人共享的，每个人都会从不同的角度去看待周围发生的事情。于是，真正地把握时机就包括以一个局外人的冷静眼光去了解其他人是怎样看问题的。

树立个人品牌，等机遇找你

当今，由于经济体制的调整和战略的转变，以及人才受买方市场制约，众多企业纷纷裁人。在这场裁人风潮中，许多人会失掉饭碗，重寻工作。工作被迫变动，对就业者来说是一件痛苦的事情。有专家提出，有了个人品牌，人们才会在职场中成为"不倒翁"。

美国管理学者华德士提出，21世纪的工作生存法则就是建立个人品牌。他认为，不只是企业、产品需要建立品牌，个人也需要在职场中建立个人品牌。

个人品牌与其他品牌一样，都是一种质量和荣誉的象征。具体而言，个人品牌有几个特征。

1. 最基本的特征是质量保障。它体现在两方面：一方面是个人业务技能上的高质量，另一方面是人品质量。也就是说既要有才更要有德。一个人，仅仅工作能力强而道德水平不高，是建立不起个人品牌的。

2. 讲究持久性和可靠性。建立了个人品牌，就说明你的做事态度和工作能力是有保证的，也一定会为企业创造较大的价值。

3. 品牌的形成是一个慢慢积累的过程。任何产品或企业的品牌都不是自封的，而要经过各方检验、认可才能形成。对个人品牌而言，也不是自封的，而是被大家所公认的。

4. 个人品牌形成后，拥有品牌的人工作会事半功倍。像一个企业一样，如果有了品牌，它做任何事就会相对容易一些。同样对个人来讲，一旦建立了品牌，工作就会事半功倍。

中国欧美同学会商会会长、北京大学光华管理学院客座教授王辉耀举例说，你如果在IBM做过经理，有不错的业绩，在业界树立了你的信誉，建立了自己的品牌，那么你还可能去做惠普的经理，去做摩托罗拉的经理等。

由此可见，一个人在拥有个人品牌之后，机遇往往会自动上门。那些有个人品牌的人，从来就没有愁过工作问题，不仅如此，他们常常成为猎头公司追逐的对象。

如果一个人凭着自己良好的个人品牌,能让别人在心里默认你、认可你、信任你,那么你就有了成功的一项资本。

一个初入社会的"新鲜"人如果希望自己成就一番事业,他首先要获得人家对他的信任。这是他为自己树立的一个品牌。个人有了自己的品牌,比获得千万财富更为重要。

但是,真正懂得获得个人品牌的人真是少之又少。大多数人都无意中在自己前进的康庄大道上设置了一些障碍,比如有的态度不好,有的缺乏机智,有的不善于待人接物,这常常使一些有意和其深交的人感到失望。

很多人在社会中、在工作中、在与人交往中,常常有着这样的看法,即认为一个人的信用是建立在金钱基础上的。一个有雄厚资本的人就有信用,其实种想法是不对的。与百万财富比起来,高尚的品德、精明的才干、吃苦耐劳的性格要有价值得多。

一个人一旦失信于人,别人便再也不愿意和他交往或发生贸易往来了。这样的人也树立不起自己的品牌,即使有也会被自己毁掉,机遇再也不愿找他,因为他的不守信用可能生出许多麻烦来。

所以,对我们来说,一个人的品牌往往比他的有形财富更重要。

第三节

该出手时就出手

普通人忽视商机，财商高的人捕捉商机

商机，就是一种商业的机遇。商机，是商务活动中一种极好的机会，是一种有利于企业发展的机会或偶然事件或条件，是企业在市场竞争中一系列的偶然性与可行性，或者说是还没有实现的必然性。

商机，在空间表现上是一种特殊点，有一些特别的表现；在时间上是一种特别时刻；在发展趋势上，表现为商务的一个转折点。引申到商战上，特别是市场争夺中，则多表现为竞争对手出现的时间差、空间差，可供自己利用或竞争对手与己方都可以利用的偶然出现的有利因素。

商机，从范围上讲，不仅指一个商人、一个企业在市场大潮中对于商业机会的把握，也指一个省、一个市、一个县（区）、一个乡镇在发展商品经济中市场的机遇。

由上可以看出，商机就是市场机遇，但它又是一种特殊的机遇。要想识别和把握商机，首先必须了解其特殊性，即了解商机的特征。通过对现实生活中大量商机案例的考察和理论分析，我们发现商机的特征主要表现在以下几个方面。

一是商机的公开性。任何商机，由于它是客观存在的，所以决定了它是公开的，每个企业、每个人都有可能发现它。

二是商机的效用性。商机不是一般的有利条件，而是十分有利的条件。它像一个有力的杠杆，抓住了它，就可以比较容易地担起事业的负荷；失去了它，你也许就会在事业面前束手无策。

三是商机的时效性。俗话说"机不可失，时不再来"，说明机会与时间是紧密相连的。机遇如电光转瞬即逝，抓住了也就抓住了，要是与其错过，则只有追悔莫及、枉自痛惜。

四是商机的未知性和不确定性。商机的结果在一定程度上具有不可知性和不确定性，要受事物发展的影响。这种影响来自两个方面，一是形成商机的条件的变化，二是利用商机的努力程度。

五是商机的难得性。商机是很难碰到的，特别是一些大的商机，更是难以把握。

六是商机的客观性。商机是客观现实的存在，而不是人的主观臆想。

七是商机的偶然性。商机具有一定的偶然性，它是一种偶然的机遇，常常突然发生，使人缺乏思想准备。当然，这种偶然性是必然性的表现，只不过是一般人难以预测把握罢了。

很多人整天忙于生活，无暇考虑商业的事情，他们对身边的商机缺乏敏感，甚至眼睁睁地看着商机从自己身边溜走，失去赚取财富的良机，空留悔恨和叹息。

财商高的人则能把握商机的特征，并与实际经营结合起来，做到"运用之妙，存乎一心"，从而发现并果断地抓住商机，创造财富。

商机一现,财源滚滚。大量的商业案例表明,财商高的人总能发现商机、捕捉商机、抢得商机、占得先手,勇立商海潮头,占据市场的主动权,从而在商机中发掘无限的财富。

商机存在于市场之中,但它不会主动进入人们的视野,也不会主动变为财富,而是需要人们用慧眼去发现和捕捉。目前,在市场中,缺少的不是商机,而是对商机的正确认识和把握,缺少一种捕捉商机的慧眼。凡是有人的地方就有市场,对于企业来说不是缺少市场,而是缺少发现市场需求的那双"慧眼"和"创意"。

世上无难事,只怕有心人,在市场经济中,有心人有占不尽的市场、发不完的财,只要我们把视线从市场的表层扩展延伸到市场需求的方方面面,深入消费市场,用新的理念和新的眼光细心地去观察、去寻觅、去挖掘、去琢磨,就会欣然发现市场依然存在着无尽的商机。

一旦你把握住了有利的商机,并将之转化为致富行动,就会在市场竞争中争得一席之地,获得源源不断的财富。

财商高的人逆境也能致富

有些人做生意,遇到挫折,往往会心灰意冷,一蹶不振,此后再也无心涉足商场。而有些人则不同,他们能坦然面对逆境,把逆境看作一种人生挑战。在外在的压力之下,能力得到了充分的发挥,对自己的潜力有了新的发现,自身的价值也得到了进一步的体现。这样的人好像就是为逆境而生的,一帆风顺的时候,他们也许会昏昏欲睡,而一遇逆境,有了压力,反而精神抖擞。

实业家路德维希·蒙德学生时代曾在海德堡大学发现了一种从废碱中提炼硫黄的方法。后来他移居英国，将这一方法带到英国，几经周折，才找到一家愿意同他合作开发的公司。结果证明他的这个专利是有经济价值的。蒙德由此萌发了自己开办化工企业的念头。

随后他买下了一种利用氨水的作用使盐转化为碳酸氢钠的方法，这种方法是他参与发明的，当时还不很成熟。蒙德在柴郡的温宁顿买下一块地，建造厂房。同时，他继续实验，以完善这种方法。实验失败之后，蒙德干脆住进了实验室，昼夜不停地工作。经过反复而复杂的实验，他终于解决了技术上的难题。

1874年厂房建成，起初生产情况并不理想，成本居高不下，连续几年企业都亏损。

在逆境中的坚忍性格帮助了蒙德，他不气馁，终于在建厂6年后的1880年取得了重大突破，产量增加了3倍，成本也降了下来，产品由原先每吨亏损5英镑，转为获利1英镑。

后来，蒙德建立的这家企业成了全世界最大的生产碱的化工企业之一。

没有在逆境中坚持不懈、默默奋斗的品格，蒙德就不会取得后来的非凡成就。

日本水泥大王、浅野水泥公司的创建者浅野总一郎，23岁时穿着破旧不整的衣服，失魂落魄地从故乡富士山走到东京来。因身无分文，又找不到工作，有一段时间他每天都处在半饥饿状态之中。正当他走投无路时，东京的炎热天气启发了他。"干脆卖水算了。"他灵机一动，便在路旁摆起了卖水的摊子，生财工具大部分都是捡来的。"来，来，来，清凉的甜水，每杯1分钱。"浅野大声叫喊。果然，水里加一点糖就变成钱了。头一天所卖的钱共有6角7分。简单的卖水生意使这位吃尽苦头的青年不必再挨饿了。

浅野总一郎后来说:"在这个世界上没有一件无用的东西,任何东西都是可以利用的,只要有利可图,就赶紧去做。"浅野总一郎卖了两年水果,25岁时已赚了一笔为数不少的钱,于是开始经营煤炭零售店。30岁时,当时的横滨市市长听说浅野总一郎很会使看似无用的东西产生价值,就召见他说:"你是以很会利用废物闻名的,那么人的排泄物你也有办法利用吗?"浅野总一郎说:"收集一两家的粪便不会赚钱,但是收集数千人的大小便就会赚钱。"市长问:"怎么样收集呢?"浅野总一郎说:"盖个公共厕所,我做给你看,好不好?"这样,浅野总一郎就在横滨市设置63处日本最初的公共厕所,因而他就成了日本公共厕所的始祖。

厕所盖好之后,浅野总一郎把收集粪便的权利以每年4000日元的代价卖给别人,两年后设立一家日本最早的人造肥料公司。也许你会感到震惊,设立日本最大的水泥公司——浅野水泥公司的资金,是从这些公共厕所的粪便上赚来的!

浅野总一郎日后成为大企业家,就是由于他对任何事都能够好好地加以利用。也就是说,人处于困境时是一个绝好的机会,反而能给他一个转机,使他产生无比的勇气,使他更加聪明、更加勇往直前。因此对人生厄运我们不应恐惧,应感谢才是。

利用一切可利用的东西,赚一切可以赚的钱,这是成功者的精明之举。

同样,也有许多商人巨富早年都在逆境中成长,他们甚至没有接受过多少正规的学校教育。在逆境中磨砺,在逆境中奋斗,在逆境中发财，他们走的是一条更为艰辛的路。

美国钢铁业巨头安德鲁·卡耐基，出生于苏格兰的亚麻编织匠家庭。在他的童年时代，父母因为无法维持生计而迁居美国，当时拍卖完全部值钱的家当以后还不足以支付全家人的船票，靠亲友的资助才得以成行。

由于生活艰难，年仅13岁的卡耐基就进入纺织厂，在阴暗狭窄的锅炉室里工作。以后，他又做了电报信差、报务员、铁路职员、秘书等差事，历尽艰辛，后来在一个上司的提拔和支持下，投身于钢铁制造业，终成大器。

"可口可乐之父"阿萨·坎德勒，5岁接受正规教育，9岁时就因战争而辍学。17岁的他再一次进入学校时，不到半年又因学校毁于火灾而被迫停止学业。从此，阿萨告别了正规的基础教育，把进入学校学习的机会让给了弟弟，自己去一家药店当了学徒。

如今，"洛克菲勒"这个姓氏象征着财富和势力，而这个家族发迹的鼻祖，曾经名列全美第二大工业公司的标准石油公司的创始人——约翰·洛克菲勒，在少年时期却因为经济上的原因而不能进入大学，只念到高二，就中途辍学投身生意场了。

被誉为"经营之神"的松下幸之助，因为家境贫寒，在10岁那年正在读小学四年级的时候，被迫离开家乡到大阪火盆店去做学徒。两年之后，父亲去世，12岁的他成为松下一家的户主，沉重的生活压力使他再没有时间考虑受正规的教育，直到20岁，他在夜大进修了预科，但试图升入本科时，因为学习底子太差，根本无法赶上教学的进度，只好退学。从此，他再也没有踏进学校。

第五章
财商与创业：创业是船，财商是舵

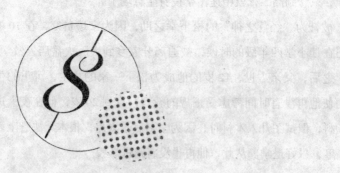

第一节

创业是致富必走的道路

只有创业才能走上致富的道路

曾经有人说:"淘金者需要梦想,发财者需要胆量。"一个人若想成为亿万富翁,只有创业才能达到目标。

生活中,许多人都仅仅满足于当一名雇员,替别人打工,生活虽然有保障,但永远不会大富大贵。而大多数财商高的人都选择做企业主或投资者,因为富人更相信自己的能力和眼光,选择做企业主和投资者更能够充分发挥自己的创造力。他们都是善于抓住机会的人,一旦有了一个很好的机会,他们就会去投资或创业,但如果你只是想当一名雇员的话,那么即使有好的机会也无法抓住。财商高的人还具有强烈的欲望,总是希望自己能够干一番大事出来,这也是为什么他们会选择做企业主和投资者的原因。

李斯特在大学读了两年就退学了,经济上的原因使得他早早开始了工作。他在一家刚开张的公司做推销员,推销家具。他的工作干得非常好,很快就升迁当了培训主管。受此成功的鼓舞,他要找一个比做零售更挣钱的职位。他去了一家大型跨国公司干了几个月的见习推销员，但由于一些人在工作上刁难他，他不得不离开这家公司。他又找了一家很大的家具公司推销地毯。短短 4 年中，李斯特在整个家具业的市场销售中占据了一个制高点，他每年为公司创造几百万美元的利润，年薪达到几十万美元。

　　李斯特在工作方面是一名极其优秀的雇员，虽然他才 25 岁，但已是一名销售经验丰富的老手。这位年轻且高收入的奇迹创造者，认为自己是战无不胜的。他是地毯业一流的销售经理，是公司的支柱。他一天到晚都忙着工作，从来没有想过将他收入中的一部分拿来投资。他只是不停地为公司挣钱，当然，他自己拿了其中的一小部分，但这已足够他花的了。他住在豪华的别墅里，屋内摆设着奢侈的家具，一切看来都很美妙。

　　一天早上，李斯特被告知他的公司已被卖了。更糟糕的是，买家没有兴趣要李斯特继续担任销售经理。这个消息不啻一个晴天霹雳，顷刻之间，他感到自己的一切梦想都成了泡影，他又要回到小时候的那种贫困的生活中去了。这种失落的痛苦在李斯特身上持续了好几个月。终于，李斯特从痛苦中走出来。他认识到，以前自己的命运都掌握在别人手中，为什么不能让自己来掌握自己的命运呢？他决定自己成立一个地毯销售中心，并从国际大都市纽约搬到美国地毯之乡佐治亚达尔顿。这是李斯特掌握自己命运的唯一选择，虽然他已身无分文。

　　用了 7 年时间，李斯特先生终于从困境中走出来。现在李斯特刚刚 50 岁出头，他的地毯公司的资产已达到 2000 万美元，他还有其他许多产业。今天，李斯特仍在为自己的事业而工作，只不过干的是另一种不同的工作，他的大部分时间用在计划和管理他的投资上。他已完完全全在为自己工作,而不必再为别人工作了,并实现了他的诺言:真正掌握自己的命运。

只有自己创业才能真正掌握自己的命运,这是李斯特的经验,也是商海中的一条至理名言。

松下在五代自行车店工作了整整 7 年,他虽然年纪不大,但在经营上有许多独到的见解,向老板提出来以后,付诸实践,都取得了不错的效果。老板对他更加赏识,而他也俨然成了老板的左膀右臂。但在第 7 个年头,也就是 1910 年的 6 月,松下却突然向老板提出了辞职,因为他想拓展自己的视野,到一个和自行车没有直接、必然联系的行业,希望发现一个新的、更有意义的生存环境。尽管老板苦苦挽留,希望松下能够不走,但松下的决心下得毅然决然。

当时,大阪全市已经动工铺设有轨电车了,由梅四起经四桥到筑港的有轨电车最先通车,而其他的路线正在建设之中。松下看到这一切,马上意识到随着电车线路铺设完毕,有轨电车开通,自行车的需求量将会大大降低,自行车产业的前景不容乐观,而与电车相关的电气事业则可能呈蓬勃发展之势。

从五代自行车店辞职以后,松下幸之助到大阪电灯公司求职,成了一名内线见习工。在这之前,他对有关电学方面的知识可以说一窍不通,但由于喜欢,有了钻研的兴趣,进步就非常大。他很快就掌握了电灯的安装和处理技术,做起工作来得心应手,成了熟练的独立技工。由于工作出色,在 1911 年,松下被提升为技工负责人。1915 年,与井植梅野结成夫妻。1916 年又晋升为令所有人都羡慕的检验员,而当时松下幸之助年仅 22 岁。

在工作的时候,松下凭借着自己的聪明才智对公司的原有产品进行了改良,试制成功了一种新式电灯插头。这虽然算不上什么重大的发明创造,但作为次一等的专利——实用新案,向专利局申请,还是通过批准了。

松下拿着自己研制的成果去找老板,却没有得到重视。为此,松下的自尊受到了一次较为严重的伤害。但他并没有心灰意冷、就此罢休。为了能够获得发展,以后取得更大的成就,他下决心要自己独立门户,开创事业。

其实现实中有许多人都有与松下幸之助相似的经历,只不过有些人就甘于在公司中做个职员,不思进取,碌碌无为一生。但松下没有,他下决心要自己独立门户、开创事业,这才有了日后闻名于世的松下幸之助。

"从小要努力学习,将来毕业后找一个好的单位",这种观念早已在很多人心中根深蒂固了。在这种观念的指引下,人们纷纷寻找工作,而在寻找工作的过程中屡屡碰壁,尝到求助他人谋生的艰辛,许多人因找不到工作而走投无路。

惠尔特和普克德在大学毕业之后,就深受这种"传统"观念之害,饱尝了寻找工作的苦。庆幸的是他们后来有所醒悟,转变了思维观念:与其找工作,不如自己创业,为别人提供就业机会。摆脱了受雇于人的思想束缚,他们决定干自己的事业。两人合伙凑了538美元,在加州租了一间车库,办起了公司,分别取二人姓名中的第一个字母为公司名称,这就是后来闻名于世的惠普公司。

创业之初,迎接他们的是凄风苦雨。他们苦心研制出的音响调节器推销不出去;试制出的发球出界显示器无人问津。这并没有使两个人气馁,他们用这些与求助于人、四处寻找工作相比,想到自己在为别人创造工作机会，这点困难算不了什么，于是他们依然雄心勃勃，夜以继日地研究、改进，四处奔波去推销。功夫不负有心人，他们研制的检验声音效果的振荡器开始有了买主，这令他们感到欣慰。第二年，他们的辛苦终于有了回报，赚了563元。

他们为自己赚的563元感到高兴，同时也深深地感受到创业的艰辛，又从这艰辛中体验到常人无法感受的快乐。

20世纪70年代初，普克德凭着他在商海搏击的经验，认为微电子是工业的未来。于是普克德为惠普定了决策，在"硅谷"创业，以微电子工业作为惠普的发展方向，他们在后来的业务活动的开展中自始至终坚持这一发展方向。1972年，惠普研制出世界上第一台手持计算器，这一研制成果为微电脑的创造提供了条件。手持计算器成为微电脑的重要组成部分。1984年，惠普又研制出激光喷墨打印机。时至今日，惠普在电子计算机硬件技术方面仍然是首屈一指的，是全世界微电子工业最重要的电子元器件、配套设备供应商之一。

人生面临着无数次选择，离校步入社会寻找用人单位几乎是每个人就业的思维方式。本可以自己独辟一片天地，可如果跳不出这个思维方式，就只能四处奔波找工作。

世界上的确有一些幸运儿，他们无须历经创业的磨难，轻而易举就能获得大笔财富。但是，我们也看到这样不争的事实，财富使许多富家子弟越来越穷困。这是因为富家子弟只会守业而不善于创业，缺乏先辈的创业精神，并且常出现挥金如土的"二世祖"，或许等不到先辈过世，其万贯家财便已挥霍一空。更重要的是，不劳而获的财富是最容易消磨一个人的意志、智慧和品质的。

靠自己获取财富，就必须勇于自己创业！

创业的意义非同寻常。创业是拼搏精神的体现，与其一个人庸庸碌碌度过一生，倒不如轰轰烈烈干一番事业，那么创业就是最好的选择；创业是经营才干的体现，纸上谈兵算不了好汉，只有真枪实弹地干才能分辨是驴是马；创业是知识价值的体现，知识创造财富，你拥有知识成果，千万不要贱卖，若想完全实现知识的价值，最佳途径就是自己创业。

创业应该选择什么业种呢？选择业种必须遵循三大原则：第一，不熟不做。也就是应在自己所处的职业范围选择创业，因为你熟悉这个行业的经营方式，你在工作中也积累了一定的经验，这样你创业时就可以少走弯路。在许多成功的创业者中，他们所选择的业种都是老行当或与所从事职业密切相关的行业。第二，选择有市场前景的行业。概括地说，就是选择朝阳行业，选择市场的空白点，以及在尚未饱和的行业选择创业。第三，不要脱离自身的条件。比如房地产开发，需要大资金运作；选择软件开发，需要较高的知识技术背景。如果脱离自身的条件进行创业，草率行事，那么等待你的很可能是失败。当然，条件不具备，并不等于你不能创业，你可以创造条件：积累资本、学习技术、掌握经验，准备越充分，你创业的胜算就越大。

发掘你的第一桶金

第一桶金是一个人迈向辉煌人生的奠基石，只有先掘得人生的第一桶金，才能施展你更大的抱负，才能走向人生更大的成功。因为任何一个成功者的第一桶金，都浸透着他的智慧与血汗。有了第一桶金，第二桶、第三桶就容易源源不断地来了，并不是因为有了资本，而是因为找到了赚钱的方法。这时候的你,哪怕这第一桶金全部失去了,也有十足的信心与能力重新找回。

有这样一则故事:一位魔术师看见一个乞丐可怜,就在路边捡了一块石头,用手指一点,那块石头就变成了金砖。他将这金砖递给乞丐,却遭到了乞丐的拒绝。魔术师奇怪地问乞丐:"你为什么不要金砖?"乞丐的回答却是:"我想要你那根点石成金的手指。"第一桶金的意义就在于此,不仅赚了钱,更重要的是找到了赚钱的方法。

赚取第一桶金的过程,实际上就是将普通手指变为点石成金的金手指的过程。创业已经成功的人,他的经历和素质本身就是一笔财富,他可能有失败的时候,负债累累,但只要心不死,他就还会富起来的。

让我们一起来看看一些中外企业家赚取第一桶金的过程。

白手起家的富翁刚开始时都不是企业家和资本家,在积累财富和经验的初期,他们或者是雇员,或者是自由职业者。

1970年,25岁的美国小伙子特普曼来到丹佛市,在第二大道的一套小公寓里开始了他的创业生涯。刚到丹佛,特普曼就徒步走遍了这个城市的每一个角落,了解、评估每一块房地产的价值,计划在这个城市发展他的房地产事业。为此,他常常去看一些土地和楼盘,就像这些土地的主人。

初来乍到时,人们不认识特普曼。因此他必须计划好自己的房地产事业的每一个步骤。他要做的第一件事就是尽快加入该市的"快乐俱乐部",去结识那些出入该俱乐部的社会名流和百万富翁。对特普曼这样一个无名小辈来说,要想进这样高档的俱乐部,实在很不容易,但特普曼还是决心去尝试一番。

特普曼第一次打电话给"快乐俱乐部",刚说完自己的姓名,电话随着一声斥责就被对方挂了。特普曼仍不死心,又打了两次,结果仍遭到对方的嘲弄和拒绝。"这样坚持下去,将会毫无结果。"特普曼望着电话机喃喃自语,突然,他心生一计,又拿起了电话。这次他声称将有东西给俱乐部董事长。对方以为他来头不小,连忙将董事长的电话号码和姓名告诉了他。

特普曼得意地笑了,他立即打电话给"快乐俱乐部"的董事长,告诉他想加入俱乐部的要求。董事长没说同意也没说不同意,却让特普曼来陪他喝酒聊天。特普曼自然满口答应了。

通过喝酒聊天,特普曼逐渐与这位董事长建立了良好的关系。几个月后,在董事长的特殊关照下,他如愿以偿,成为"快乐俱乐部"的一员。

在俱乐部中,特普曼结识了许多富商巨贾,与他们建立了良好的关系。

1972年,丹佛市的房地产产业陷入萧条时,大量的坏消息使这座城市的房地产开发商们严重受挫,丹佛人都在为这个城市的命运担心。然而在特普曼看来,丹佛城的困境对他来说无疑是天赐良机,从前那些对他来说可望而不可即的好地皮,现在可以以较低的价格任意挑选收购了。

就在这时,特普曼从朋友处得到一个消息:丹佛市中央铁路公司委托维克多·米尔莉出售西岸河滨50号、40号废弃的铁路站场。

特普曼凭着自己敏锐的眼光和经验判断出:房地产萧条是暂时性的,赚大钱的好机会终于来临了。为此,他把自己所拥有的几个小公司合并起来,改为"特普曼集团",使他更具实力。第二天一早,特普曼便打电话给米尔莉,表示愿意买下这些铁路站场,并约定了在米尔莉的办公室商谈这笔买卖。

风度翩翩、年轻精干的特普曼给米尔莉留下极好的印象。他们很快便达成协议:"特普曼集团"以200万美元的价格购买了西岸河滨的那两块地皮。不久,房地产升温,特普曼手中的两块地皮涨到了700万美元。他见价格可观,便将地皮脱手了。

经过许多人的帮助以及自己的努力,特普曼终于挖到了来到丹佛市的第一桶金——500万美元。这是他闯荡丹佛的第一笔大买卖,也是他第一次独立做成的房地产生意。此后,他开始了在美国辉煌的经商生涯。

赚取你的第一桶金很重要,它能为你以后事业的发展打下坚实的基础。

有背景、有资金、有个富爸爸自然能够解决"第一桶金",这样的创业者是幸运的。而多数胸怀壮志、身无分文,凭着知识、智慧、毅力和信心白手起家的创业者如何获得"第一桶金"就显得至关重要。

由于想方设法想尽早挖到"第一桶金",而失败的人往往心浮气躁、怨天尤人,甚至为此而悲观失望。碰上不愿慷慨投资的有钱人更是怨气冲天。其实大多数人的银子都是来之不易的,所以越有钱的人就越知道赚钱的艰难。创业者应该更多地设计如何自力更生获取创业所需要的"第一桶金"。当然"谋事在人,成事在天",成与不成,还要看自己的运气。

创业是一个长期的艰苦过程,不可能在很短的时间内就创造亿万财富。之所以少,就因为难,物以稀为贵。但是,挖掘"第一桶金"

越是艰难,后来创业便越容易成功。

对白手起家的创业者来讲,第一桶金也许要5年,第二桶金也许只要3年,第三桶金也许只要1年,甚至更短。因为你已经有了丰富的经验和可启动的资金,就像汽车已经跑起来,速度已经加上来,只需轻轻踩下油门,车就可以高速如飞一般。

年轻人有的是热情、书本知识,缺少的是经验、金钱。而金钱恰恰是创业所必需的,所谓初次创业成功就是掘到第一桶金。有了这第一桶金,加之掘金过程中积累的经验,你的创业之路开始步入正轨了。那么如何得到这宝贵的第一桶金呢?有各种各样的方法,只要在法律许可的范围内,找点其他门路也未尝不可。常言道:窍门到处有,看你瞅不瞅。精诚所至,金石为开。

总之,创富必须先找到适合自己的一块掘金之地。

这块地应该具有如下特点:必须是市场所需要的;你的竞争对手不具备优势或不愿涉足;尚未被大多数人发现。

掘金之地应从以下几个方面寻找:首先应该从自身的经历找。以往的学习和工作经历,绝不是时间的简单堆砌,而是智慧的积累和能量的储备。无论是愉快的经历、艰苦的经历,还是漫不经心的经历,都蕴藏着许多可供利用的有价值的东西。如果放着"资源"不去开发利用,无异于一种浪费。从经历中寻找优势,加以更新提高,你会发现成功并不是想象的那么远。

其次,从个人的"爱好"寻找。每一个人都有自己的爱好与兴趣,如果平时稍加留意,并将爱好与投资有机结合起来,你就有可能因"爱好"而富裕起来。这样的事例很多,那些IT精英几乎无一不是电脑的"发烧友",正是这浓厚的兴趣引领他们一步步走向财富的殿堂。

　　此外，选择投资领域必须与自己的秉性结合起来。如果你浑身充满创造力，内心热情如火，外表光芒万丈，可考虑投资经营公关公司、自助火锅店、快餐外送等服务业。但如果你天性好静，不愿与别人打交道，那做这一行就是一种折磨，不如自己在家做一股市炒手，会有更多的收获。还有，如果你喜欢精致、有品位的生活，那么涉足美容业、精品店、手工艺品专卖店及小型咖啡屋，一定能让你一展雄才。如果你能时时设身处地为他人着想，那么开一家心理诊所、办一家花店或园艺店正符合你的特点，因为这些行业正好需要你这种特征。

第二节

成功企业家的 4 种品质

品质一：高效

  实干家讲究效率

  1930年，汽车工业达到饱和了。福特要求自己的经销商更为有效率地开展工作，甚至比他们自己期望的还要快——其实每个人都需要这样的压力。所以，当汽车行业的竞争空前激烈的时候，福特汽车的销售却达到了最高峰。福特制订的销售计划，其实是更加有利于汽车销售商的，使经销商们获得了更多的利润。

  同时，福特支付给下属的薪水通常都很高，当人们为他服务时，他使他们得到高回报。

  有些慈善机构指责福特，说他从不进行慈善捐款。但这种指责并不正确。福特为人们提供了大量的工作机会、优于其他工厂的工作环境和高于平均水平的工资。福特不是在给予一个人财物时伤害他的自尊，而是让他通过自己的劳动获得报酬。这是优秀的行动家精神的最佳体现。

  通过自己的方式，福特帮助许多人获得并积累了更多的财富，而他也从中获益匪浅。他的工作效率使福特汽车的经销商和福特工厂中的工人都获得很大的利益。

效率的提高，必须以明确的营业方针和执行该方针的计划为前提。福特的商业运作，总是按照这样的方针与计划进行的。如果他没有这么做，他就不会获得今天这样的成功。

务实精神

福特的性格一点也不活泼，而且非常固执与坚定。正是这样的性格，他才拥有了可贵的务实精神。他从来都把生产与销售一般人能买得起的汽车作为自己的首要任务。

许多被认为比福特更优秀的人，都没能在大萧条中逃过一劫。在刚刚开始自己的事业时，亨利·福特认识到自己身处于机器时代，这个时代流行"适者生存"。当然，他明白，"适者生存"就意味着办事要有效率。他制订了非常成功的计划，并通过计划的执行成了真正的"适者"。

效率来自集中精力

迈克绝对不是那种大科学家，他曾经还做过一些挖沙、建筑方面的杂活，但是他最可贵的地方在于他从来不服从命运的安排，而是要做出一番伟大的事业。于是他做出了一个决定：在工作之余去研究历史、考古。

出身于建筑工人的迈克对考古可谓一窍不通，但是他不浪费一分一秒的时间，从最简单的知识开始迎头赶上。他采取了很好的方法去学习，在10年的时间里，他做了大量的笔记，并且按照门类将这些笔记整理好。他全神贯注地完成这些任务，所以在效率上获得了很大的提高，每天不过花上1个小时的时间，就能完成许多人花费5个小时才能完成的任务。终于，他成为一位小有名气的历史、考古学家。对于当地的一些奇怪的、许多专家都无法解释的现象，他却能提出自己的看法，并且提供非常重要的线索。

正是因为他有高效的学习方法，还有全神贯注的精神，他被美国著名的大学录取了，后来在这个领域很有建树。

所以，学习知识或者做事并不是难事，关键是你能不能用1小时的时间完成别人5个小时的任务。

效率在于思维

效率究竟能够通过什么样的方式表现出来呢？或者说，什么样的方式能够提高效率呢？下面这个故事也许能让你有所启迪。

这是发生在美国宇航事业中的一个小故事。为了实现人类飞入太空的梦想，美国政府很早就开始研究有关宇宙的许多知识。其中有一个小小的问题需要解决：假如我们人类到达太空之后想书写一些东西，那该用什么书写工具呢？

不要小看这样一个问题，实际上，要解决这样的问题并不容易。因为许多科学家已经证明，外太空的重力远远小于地球的重力，那么压力也就会随之减小，像钢笔这样需要依靠压力的书写工具就无法使用了。

科学家为这个问题大伤脑筋，他们发明了许多奇奇怪怪的笔，却没有一种能有很好的书写效果；他们还发明了不少工具，但是这些东西不是太笨重就是太费劲，都不是最好的选择。

"为什么不用铅笔呢？"这时候，一个刚刚加入技术组的年轻专家说。这就解决了历史上一个大问题！

确实，正确的思维方法就是最好的提高效率的方法。

简洁就是效率

三只轮胎被放进了仓库,其中有两只是已经用旧了的轮胎,一只全新的轮胎。其中一只旧轮胎的哀叫声唤醒了这只新轮胎。

"发生了什么事情?"新轮胎问他们。

其中一只旧轮胎说:"假如你跑了5000千米的路程,你就不会问我们发生什么事情了。"

"跑5000千米真的有这么痛苦吗?"新轮胎显得忐忑不安。

"你别听他的,"另一只旧轮胎说,"你只要计算自己转一圈的路程就可以了,根本不用想自己跑了多少路程。"

新轮胎相信了这只轮胎的话,它在被安上汽车的那一天就开始计算每转一圈跑的路程,而不去想总共走了多长的距离。这种思维反而让它有信心跑得更远。

一年过去之后,新轮胎也变成了旧轮胎,但是它跑了差不多7000千米。

简洁是一种高效率逻辑思维的体现。能够化繁为简,自然能够提高效率,就像这只新轮胎一样。我们经常可以看到这种现象:某位员工就某件事情汇报了半天,领导却不得要领,不知其主要说什么;某位员工就某件事写了一份文字材料,洋洋数千言,可这件事到底是怎么回事,看了半天也不明白。这是效率低下的表现。

品质二:果断

推销员应该果断地提出交易

推销员可以果断结束交易。

一是你的客户不再表示出有不同意见,或者表示反对。当推销员一一回答了客户的问题后,对方表示满意,但此时没有明确表示购买,那么推销员可以认为顾客已经接受了交易,可以签合同了。

二是客户不再表示顾虑。如果客户声称这件商品或者这种服务他觉得是可行的,那么不要等,马上签合同吧!

三是客户已经打算购买了,但是还没有说出来,那么你就应该代替他把这句话说出来。有时候还可以适当地增加压力,比如说"这件商品是限量版,只剩下最后一件了"。

看准时机就应该果断出手

穆利是一个年轻的公司管理者,他总是看准时机果断出手,结果收获不少。

穆利在高中时一直热情参与社会活动,不仅态度积极,而且成绩不错。后来,他考进了纽约大学法语系,就开始张罗着给一些有钱人家做法语家庭教师,平均每个月他都能获得数百美元的收入,能够满足一学期的零用钱需要。穆利总结说:"当自己没有任何资本的时候,做家庭教师稳赚不赔。"

当穆利进入二年级之后,开始为纽约某文化用品公司推销产品。

当时,推销员对于学生来说是一个很常见的活,很多跟他一样的学生推销员都扛着书本、文具出没在校园里的各个角落,非常辛苦。

穆利却显得格外地轻松,他的方法是针对一定的人群,并且远比别人反应要快。他在女生宿舍和餐厅之间摆了个小摊。因为这里离餐厅近,人来人往,而且女孩子特别喜欢买这些小东西。看准了其中的商机,穆利马上下手。兼职销售里唯独他的业绩好得惊人。这一年,他把自己的学费赚了回来。

毕业之前，穆利打算做一笔大生意。他自己拿出 3000 美元，又向 5 个同学一共借了 3000 美元。用这笔钱，他从一个经销商那里购买了一批新款的自行车，在纽约大学附近的商业街上租了一家小店。他给予学生们的优惠非常多，学生只需要拿出一辆旧的自行车，然后将剩余的费用补齐，那么他们就可以获得一辆崭新的自行车。这让穆利的生意好得惊人，他的小店里的顾客总是络绎不绝。此外，穆利还经常免费为其他人修自行车，这让他的生意更好了。

对于自己的成功，他的解释就是果断。只有果断去争取商机，才能在竞争中获得更多赚钱的机会。

后来，这种自行车销售方法在纽约的大学中逐渐流行起来。

品质三：自我约束

作家的故事

炎热的夏天，有个作家正在家中奋力完成自己的书稿。这时候，一位熟人给他打来电话，邀请他一起去湖上划船。这是一个很有吸引力的活动，但作家看了看墙上的"时间计划表"，然后对自己说："你不能去！"

这位作家最终错过了一次荡舟湖上的好机会，但是他一点也不为此后悔。因为他更加喜爱写作，并且这样的约束帮助他赶上了书稿的进度。他把工作当成各种形式的消遣活动，使自己乐在其中。自我约束的习惯帮他节约了不少的时间，这样他的书稿才能又快又好地完成。

福特公司的自我约束战略

当年在福特公司的一次制订战略的讨论中，当时的执行官认为福特的战略是"当我们说话时,整个行业都在倾听"——在若干年内,通过控制汽车的制造成为汽车行业的统治者。这之后不久,福特的一个经理收到了英国一家制造公司的一张巨额订单。经理向执行官"请功"时,却遭到了他的批评。为了实现福特制定的战略,福特公司断然拒绝了这张订单,尽管它价值1000万美元!

认为"只有偏执狂才能生存"的福特几乎是僵硬而死板地执行着他制订的企业战略,"激光"般地聚焦在汽车业务上。结果是,在汽车产业的生态系统中,福特公司大显身手!

约束应该讲究方法

格兰特的带兵方法常常被传为佳话。

有一次,他率领的军队驻扎在一个小镇,这个小镇盛产樱桃。当天夜里,一个士兵感到口渴却找不到水,于是他悄悄地来到樱桃树下,顺手摘下一串樱桃,然后津津有味地吃起来。第二天一大早,樱桃园主发现地上的樱桃核,立刻判断是来此驻扎的士兵偷吃了樱桃。他找到格兰特,很生气地说:"你手下人偷吃了我的樱桃,必须查出是谁干的!"

格兰特一开始不相信,他与樱桃园主一起来到樱桃树下,果然看见了满地的樱桃核。他忙赔不是,并拿出钱给樱桃园主,才让樱桃园主消了火。

格兰特在向回走的路上很气愤,他想,一定要严厉查办偷吃樱桃的士兵。但一会儿他又冷静下来,告诉自己要容忍,因为眼下正是用人之际。于是他只是大而化之地训斥了所有的士兵一番。

事情到此却没有结束。当天中午,那位樱桃园主竟拎着满满一篮子樱桃来到了军队驻地。他是来慰问官兵的,并向战士们说:"你们有这样一位长官真是荣幸,他爱护你们像爱护自己的子女一样。"格兰特对樱桃园主人的热情表示感谢,掏钱给他,樱桃园主不肯收,格兰特告诉他:"我的军队从来不无偿收人家东西,这是军规。请你不要让我们破坏这军规,好吗?"

樱桃园主立即问道:"那么,你为什么不处罚那个偷吃了樱桃的士兵呢?"

格兰特回答道:"眼下正是士兵出生入死的时候,他们的表现一直很优秀,如果拿一点小事去衡量一个人的功过是非,那未免就有些小题大做了。"当时,在场的人无不感动。那位一直想隐瞒的士兵,终于控制不住感情,勇敢地站出来道歉,并且深深地为格兰特的约束力感动。后来这名士兵成为立下战功的功臣。

黑点与白纸

被上司痛骂之后,希拉尔哭着跑回了家。她发誓,再也不去这家公司上班了,因为这家公司在她看来一无是处。她的丈夫莫里却不这么认为。他于是找到了一个方法,想来劝说自己的妻子。

莫里拿出了一张白纸,然后跟希拉尔说,如果她有什么怨言,就在这张白纸上画一个点,一个黑点就代表这家公司她不满意的地方。于是气头上的希拉尔就在纸上不停地画着黑点,一直到她画满整张纸。莫里拿起这张纸,他问妻子看到了什么。"那还用说?那不都是黑点嘛,全都是这家公司的缺点!"

"但是除了黑点,你还看到了什么呢?"莫里又问。

"还有这张白纸本身。"希拉尔说。她忽然想起这家公司有很长的假期,有高薪,还有许多规范的制度,这些都是让人感到舒服的地方。莫里这时不失时机地说:"不要因为一时的感情冲动而失去了这么好的一个机会啊！"

希拉尔终于在丈夫的劝说下语气渐渐缓和，态度也开朗了，终于破涕为笑。她这才明白，自我约束的力量的确非常大，而自己上午，也正是因为缺少自我约束才和老板发生了争执。

绝大多数人看到的都是白纸上的缺点，而忽略了黑点旁边更大的白纸空间。这多少缺乏自我约束的力量。只看到别人的缺点，会使得自己生活不如意，人际关系紧张。若不执着于黑点，多欣赏带黑点的白纸，岂不是豁然开朗而能常保持心情愉快吗？

品质四：坚持

坚持究竟是好事还是坏事？这个可不好说。让我们先来看一个因过度坚持而产生不好的结果的故事。这个故事是有关福特汽车的创始人的。

当时，福特工厂里的工程师们草拟了一份详细的计划，这个计划将改进老式"T"车型的后轮设计。当一切准备就绪之后，工程师们便邀请福特先生光临设计车间，对他们的工作进行检查。

工程师们一个接一个地陈述着这种改进的理由，而福特先生在一边静静地听着，没有发表任何意见。直到最后一位工程师发言完毕，他才走到桌子旁边，一边轻轻叩打着桌上的计划图，一边跟工程师们说："先生们，我们一天24小时都在不停地生产，我们的福特汽车现在供不应求。只要这种情况继续在市场上出现，我们的汽车就不需要做任何改变！"

在福特先生的坚持下，会议就此结束。带着自己典型的坚持意见的脾气,他转身走出了办公室。这何尝不是一种固执呢?

事情却不像福特所想象的那样。在几年的时间里,竞争忽然加剧了,福特汽车的销售量直线下降,车身和零部件都到了不得不改善的地步。福特先生尽管非常不情愿,但是他不得不下令工程部门开始制订改进计划。于是,第一款外表美观的"A"车型问世了。可是,福特的改进速度实在太慢了,所以他没有完全收复在激烈竞争中丢失的"领地"。

公众仍然在呼唤新型号的出现,这种希望越来越强烈。这一次,福特迅速顺应了市场的潮流,推出了8缸汽车,并且在设计上做了改进。

亨利·福特通常都是经过深思熟虑才决定改变自己的计划的。他不是一个轻易向反对意见屈服的人,也不会由于别人的批评而轻易地动摇。他坚信自己的计划会成功,即使有时需要做一些改进,他也会坚持将之贯彻到底。

从某种程度来说,坚持也许会是个错误,但坚持时间过短或根本就不坚持则是更大的错误。

有这样一则故事:在古代的印度,有一个很会雕刻的老师傅,有两个年轻人要向他学习雕刻的方法。但是在收这两个人之前,老师傅为了考验这两个人的耐性,要他们各自去完成一尊非常复杂的雕刻,而这尊雕刻所采用的石料要很小心才能从岩壁上凿取下来。

两个人遵照老师傅的教诲,去山上采这种石料。一开始两人都非常专心,也非常细致,小心翼翼地采着这种易碎的材料。这种烦琐沉闷的工作一直持续了80天。两个人的材料眼看都采得差不多了。这个时候,其中一个徒弟已经无法坚持下去了:"我就不信这尊雕刻一定要用这么多材料！我现在手上的材料就足以完成任务了。"于是他不顾同伴的劝阻，提着篮子下了山。而他的同伴依然坚持采完了最后一天的材料。

等到雕塑即将完成的时候，那个先下山的人才发现自己的材料不够。最后他的雕刻少雕了一条腿，而另一个人因为获得了足够的材料，所以作品非常精美。结果，那个能够坚持下来的人被师傅收为弟子，而另外那个则追悔莫及。

仅仅是一天的时间，结果却大相径庭。

第六章
财商与创新：
财商点亮创新，创新带来财富

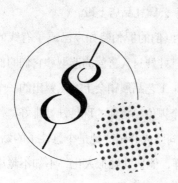

第一节

创新思路，把"不可能"变为"可能"

与众不同的思考才能赚钱

美国石油大亨约翰·D.洛克菲勒曾说过："如果你要成功，你应该朝新的道路前进，不要走那些被踩烂了的成功之路。"创新是人类的特质，只有摆脱常人的思维模式，踏出一条新的道路来，你才能在财富之路上异军突起。

罗伯特在大学3年级时便退学了。他年仅23岁时就开始在佐治亚州克林夫兰家乡一带销售自己创作的各种款式的"软雕"玩具娃娃，同时还在附近的多巨利伊国家公园礼品店上班。

曾经连房租都缴不起、穷困潦倒的罗伯特如今已成了有钱的年轻人。这一切不是归功于他的玩具娃娃讨人喜爱的造型和它们的低售价，而是归功于他在一次乡村市集工艺品展销会上突然冒出的一个灵感。在展览会上，罗伯特摆了一个摊位，将他的玩具娃娃排好，并不断地调换拿在手中的小娃娃，他向路人介绍"她是个急性子的姑娘"或"她不喜欢吃红豆饼"。就这样，他把娃娃拟人化，不知不觉中就做成了一笔又一笔的生意。

不久之后，便有一些买主写信给罗伯特诉说他们的"孩子"，也就是那些娃娃被买回去后的问题。

这时，一个惊人的构想突然出现在罗伯特的脑海中。罗伯特忽然想到：他要创造的根本不是玩具娃娃，而是有性格、有灵魂的"小孩"。

就这样，他开始给每个娃娃取名字，还写了出生证并坚持要求"未来的养父母们"都要做一个收养宣誓，誓词是："我某某人郑重宣誓，将做一个最通情达理的父母，供给孩子所需的一切，用心管理，以我绝大部分的感情来爱护和养育他，培养教育他成长，我将成为这位娃娃的唯一养父母。"

玩具娃娃就这样不仅有玩具的功能，而且凝聚了人类的感情，将精神与实体巧妙灵活地结合在一起，真可谓一大创举。

数以万计的顾客被罗伯特异想天开的构想深深吸引，他的"小孩"和"注册登记"的总销售额一下子激增到30亿美元。

正是这个惊人的构想成就了罗伯特的辉煌。一个小小的创意就能获得巨额财富，就看你想不想动脑筋了。

创意并非都正确，奇迹也并非统统能实现。即便如此，仍应当鼓励自己和别人积极思考。"美国氢弹之父"泰勒几乎每天都动脑思考出10个新想法，其中可能9个半不正确。然而他就是靠许多"半个正确"的创意，不断创造成功的奇迹！

借助思考，人们更容易找到获取成功的突击方向，可以在阻挡着的障碍上撕开缺口。善于创意和珍视思考，是成功者应具备的可贵品质。

美国俄亥俄州一家小店的售货员普洛斯特和杂货店老板盖姆脾气相投，两人经常互相串门，在一起喝咖啡、聊天。盛夏的一天，普洛斯特到盖姆家，一起在楼前喝咖啡闲聊，盖姆夫人在一旁洗衣服。普洛斯特突然发现，盖姆夫人手中用的是一块黑乎乎的粗糙肥皂，与她洁白细嫩的手形成鲜明的对比，他不禁叫道："这肥皂真令人恶心！"普洛斯特和盖姆就此议论起如何做出一种又白又香的肥皂来。那个年代，使用黑肥皂是一件平常事，有心的普洛斯特却萌发出创业的念头。

他和盖姆决定开办一家专门制造肥皂的公司，名称就用他俩名字的头一个字母 P 和 G，叫 P&G 公司。普洛斯特聘请自己的哥哥威廉姆当技师，研制洁白美观的肥皂，经过 1 年的精心研制，一种洁白的椭圆形肥皂产生了，普洛斯特和盖姆欣喜若狂。

像面对刚刚诞生的婴儿一样，该给它起一个什么动听的名字呢？普洛斯特煞费苦心，日夜琢磨。星期天，普洛斯特来到教堂做礼拜，一面想着为新肥皂命名的事，一面听神父朗读圣诗："你来自象牙似的宫殿，你所有的衣物散发着沁人心脾的芳香。"普洛斯特心头一热："对！就叫'象牙肥皂'，'象牙肥皂'洁白如玉，又语出圣诗，能洗净心灵的污秽，更不用说外在的尘埃。"

美好的产品、圣洁的名字，谁能不爱？P&G 公司为此申请了专利。为了把这种产品推向市场，普洛斯特和盖姆决定大力进行广告宣传。他们聘请著名化学家分析"象牙肥皂"的化学成分，从中选择最有说服力和诱惑力的数据，并将它们巧妙地穿插在广告中，让消费者对"象牙肥皂"的优良品质深信不疑。P&G 公司也由此大获成功。

一般来说，竞争意识其实有两种不同的程度，一种是想要打败对方来获取胜利的攻击型竞争意识，另一种是不胜对方也没关系，但不败给对方的防守反击竞争意识。

发挥防守反击型竞争意识会怎样呢？那就是别人不做的事情，你觉得要负担风险，所以也不去做，大家都开始在做的事情，你一定很快地跟随去做。

像有些人喜欢随潮流一哄而上，飞奔去做保龄球或餐饮酒吧等行业，就是怕赶不上车的心态，赶上了之后，才发觉自己什么技术、知识也没有，只好与别人来个技术合作。并不是说技术合作是不好的，但采取"只要跟着赚钱的潮流走……"的简单做法也许获得蝇头微利，却绝对无法获得巨大成功。

因此，并不是所有的人或企业都是这样的。其中，在许多成功者中，有许多攻击型竞争意识强的经营者。他们的共同点是有比别人强一倍的好奇心。有好奇心才会不断思考，有了思考并且又与众不同，就能从众人中脱颖而出。

美国家用电器大王休斯原来是一家报社的记者，由于和主编积怨太深，他一气之下辞职不干了。

有一天，休斯应邀到新婚不久的朋友索斯特家吃饭。吃菜时，他品尝到菜里有一股很浓的煤油味，简直无法下咽。但碍于情面，他又不好说什么。索斯特不可能吃不出那股怪味道，但他也无可奈何，他新婚的妻子用的是煤油炉做饭，那时候大家都用那种炉子，很容易把煤油溅到锅里。他当着朋友的面也不好说妻子什么，只好对着煤油炉抱怨："这该死的炉子真讨厌，三天两头出毛病，你急用时它偏要熄灭，每次修都弄上一手油……"

最后索斯特又若有所思地说："要是能有一种简便、卫生、实用的炉子就好了。"

说者无意，听者有心。索斯特的话对休斯的触动很大。"对呀，为何不生产一种全新的炉具投放市场呢？"有了这一想法后，他开始重新设计自己的人生目标,全身心地投入到研制新型的家用电器上。经过他不懈的努力,终于成功地研制出一系列新型的家用电锅、电水壶等家用电器,成了闻名于世的实业家。

美国摩根财团的创始人摩根,原来并不富有,夫妻二人靠卖蛋维持生计。但身高体壮的摩根卖蛋远不及瘦小的妻子。后来他终于弄明白了原委,原来他用手掌托着蛋叫卖时,由于手掌太大,人们眼睛的视觉误差害苦了摩根。他立即改变了卖蛋的方式:把蛋放在一个浅而小的托盘里,出售情况果然好转。但摩根并不因此而满足,眼睛的视觉误差既然能影响销售,那经营的学问就更大了,从而激发了他对心理学、经营学、管理学等的研究和探讨,终于创建了摩根财团。

必须强调的是,创新必须立足于市场,创新如果脱离市场,再好的创新产品,都未必能够带来经济利益。企业的经营者与纯粹的科研人员不同,经营者如果赚不到钱,就意味着经营失败或受挫。经营要想成功,推出新产品是一条胜算较大的途径,而衡量新产品成功的标准,不是看产品的"创新成分"或"科技含量"有多高,而是看它是否适应市场的需求。

日本东京的一个咖啡店老板就利用人的视觉对颜色产生的误差,减少了咖啡用量,增加了利润。他给30多位朋友每人4杯浓度完全相同的咖啡,但盛咖啡的杯子的颜色则分别为咖啡色、红色、青色和黄色。结果朋友们对完全相同的咖啡的评价却截然不同,他们认为青色杯子中的咖啡"太淡";黄色杯子中的咖啡"不浓,正好";咖啡色杯子以及红色杯子中的咖啡"太浓",而且认为红色杯子中的咖啡"太浓"的占90%。于是老板依据此结果,将其店中的杯子一律改为红色,既大大减少了咖啡用量,又给顾客留下了极好的印象。结果顾客越来越多,生意随之愈加红火。

无独有偶。一商家从电视上看到博物馆中藏有一个明代流传下来的被称为"龙洗"的青铜盆,盆边有两耳,双手搓摩盆耳,盆中的水便能溅起一些水珠,高达尺余,甚为绝妙。该商家突发奇想,何不仿制此盆,将之摆放在旅游景点或人流量多的地方,让游客自己搓摩,经营者收费,岂不是一条很好的财路?于是他们找专家分析研究,试制成功后投放市场,效果出奇地好。博物馆中的青铜盆只具有观赏价值,而此商家将之仿制,推向市场,则获得了很好的经济效益。

创新对于创富具有十分重要的意义。俗话说:"流水不腐,户枢不蠹。"对于创富的经营者来说必须永葆创新的青春,才能立足于商海。一旦你停止了创新,停止了进取,哪怕你在原地踏步,其实也是在后退,因为其他的创富者仍在前进、在创新、在发展。

"创新者生,墨守成业者死",这是一条被无数事实证明了的真理。很多创富者就是不懂得这个规律,稍有成就就裹足不前,坐吃老本,不再创新,不再开拓,妄求保本经营,结果不到几年就落伍了,被时代前行的波浪淘汰了。

远见卓识是创富之人的标签

每个创富的人都必须有远见,以使你的决策能让你从中获取利益,赚取钱财。

有这样一则故事:

三个年轻人一同外出,寻找发财的机会。在一个偏僻的小镇,他们发现了一种又红又大、味道香甜的苹果。由于地处山区,信息闭塞,交通等都不发达，这种优质苹果仅在当地销售，售价非常便宜。

第一个年轻人立刻倾其所有，购买了 10 吨最好的苹果，运回家乡，以比原价高两倍的价格出售。这样往返数次，他成了家乡第一个万元户。

第二个年轻人用了一半的钱，购买了 100 棵最好的苹果树苗运回家乡，承包了一片山，把果树苗栽种上。整整 3 年时间，他精心看护果树，浇水灌溉，没有一分钱的收入。

第三个年轻人找到果园的主人，用手指着果树下面，说："我想买些泥土。"

主人一愣，接着摇摇头说："不，泥土不能卖。卖了还怎么长果树？"

他弯腰在地上捧起满满一把泥土，恳求说："我只要这一把，请你卖给我吧，要多少钱都行！"

主人看着他，笑了："好吧，你给一块钱拿走吧。"

他带着这把泥土返回家乡，把泥土送到农业科技研究所，化验分析出泥土的各种成分、湿度等。接着，他承包了一片荒山，用整整 3 年的时间，开垦、培育出与那把泥土一样的土壤。然后，他在上面栽种了苹果树苗。

现在，10 年过去了，这三位结伴外出寻求发财机会的年轻人命运迥然不同。第一位购苹果的年轻人现在每年依然还要购买苹果运回来销售，但是因为当地通信和交通已经很发达，竞争者太多，所以赚的钱越来越少，有时甚至反而赔钱。第二位购买树苗的年轻人早已拥有自己的果园，因为土壤的不同，长出来的苹果有些逊色，但是仍然有相当的利润。第三位购买泥土的年轻人，他种植的苹果果大味美，和山区的苹果不相上下，每年秋天引来无数购买者，总能卖到最好的价格。

这个故事其实就是在讲远见。最有远见的第三个年轻人赚取了最多的钱。

亚吉波多曾这样评价洛克菲勒："洛克菲勒能比我们任何人都看得远，他甚至能看到拐弯过去的地方。"

19世纪80年代中期，当宾夕法尼亚州的油田由于疯狂的开采而趋向枯竭时，蕴藏量更大的俄亥俄州的油田慢慢开发起来。

当时新发现的利马油田，地处俄亥俄州西北与印第安纳州东部交界的地带。那里的原油有很高的含硫量，反应生成的硫化氢发出一种鸡蛋腐败的难闻气味，所以人们都称之为"酸油"。没有原油公司愿意买这种低质量的原油，除了洛克菲勒。

当洛克菲勒提出自己要买下油田的建议时，几乎遭到了标准石油公司执行委员会所有委员的反对，包括亚吉波多、普拉特和罗杰斯等。因为这种原油的质量实在太低了，每桶只值0.15美元，虽然油量很大，但谁也不知用什么方法才能对它进行有效的提炼。只有洛克菲勒坚持有一天会找到炼去高硫的方法。亚吉波多甚至说，如果那儿的石油提炼出来的话，他将把生产出来的石油全部吞进肚子。不管亚吉波多怎么说，洛克菲勒总是固执地保持沉默。亚吉波多最终失望了，他当即表示将他的部分股票以每1美元降到85美分出售。

面临着非此即彼的选择，执行委员会同意了。标准石油公司最终以800万元的价格购买了油田，这是公司第一次购买产油的油田。

洛克菲勒始终是乐观的，美孚托拉斯的前景如此辉煌，他从自己的腰包里掏出300万美元，让一位颇有名气的化学家——德国移民赫尔曼·弗拉希来研究一种可将石油中的硫提取出来的方法。

弗拉希一头扎进了实验室。洛克菲勒不懂科学,但知道科学家的工作是不能受到干扰的。对弗拉希的要求,他一概有求必应。用于研究的经费是巨大的,几万美元维持几个月时间就算不错了。弗拉希提炼利马石油的工作进展缓慢,研究费用却持续地迅速增高,从几万美元增加到几十万美元。美孚公司的巨头们再次开会,讨论是否立即放弃利马石油,把准备投到那儿的资金抽往别处。亚吉波多以胜利者的姿态,幽默地对洛克菲勒说,看来他已经没必要喝光提炼出来的利马石油了。他为自己转让股票的行为而感到庆幸。

然而,洛克菲勒仍以微笑作答,对大家的提醒不置一词。

利马石油的价格,在两三年内一跌再跌。到1888年初,它已跌到每桶不到2美分。拥有利马油田股票的人纷纷抛出,并自叹倒霉。

弗拉希的工作没有中断,他常常通宵达旦地待在实验室里。研究工作其实已有了些眉目。当洛克菲勒询问他究竟有多大把握时,弗拉希谨慎地回答:至少有50%以上的把握。

于是,洛克菲勒不再说什么。他命令手下到交易所收购那些廉价抛售的利马石油股票,他要干就要干到底。

事实证明,洛克菲勒是正确的。一段时间以后弗拉希的研究成功了,他找到了一种完善地处理含硫量过高的利马油田的脱硫法,并因此获得专利,这种方法从此就被称为弗拉希脱硫法。

利马油田的股票价格迅速上涨,短短的时间就上涨将近10倍。洛克菲勒收进的那些股票又赚了一大笔。

正是洛克菲勒的远见卓识使他赚到了这笔钱。

要成为成功的商人,就要有敏锐的心思,可以预知未来的情势,不要眼光短浅,只贪眼前的蝇头小利,那样永远只能跟在人们后边,赔钱是肯定的。

纵观历史,预测人类的行为,显然比预测天气更容易。

智者切面包时,计算10次才动刀;倘若换成愚者,即使切了10下也不会估测一下,因此切出来的面包,总是大小不一或数量不对。这就是智者和愚者做事时思考模式的不同。

华尔街的金融巨子摩根也是那种善于把握变化趋势,具有非凡洞见和远见卓识的少数人之一。1871年,普法战争以法国战败而告终,法国因此陷入一片混乱,既要赔德国50亿法郎的巨款,又要尽快恢复经济。这一切都需要钱,而法国现政府要维持下去,就必须发行2.5亿法郎的国债。面对如此巨额的国债,再加上不稳定的环境,法国的罗斯查尔德男爵和英国的哈利男爵(他们分别是两国的银行巨头)不敢接下这笔巨债的发行任务,而其他小银行就更不敢了。面对风险,谁也不敢铤而走险。这时,摩根敏锐地感到,当前的环境,政府不想垮台就必须发行国债,而这些债务将成为投资银行证券交易的重头戏,谁掌握了它,谁就可以在未来称雄。但是,谁又敢来冒这个险呢?摩根想:能不能将华尔街各行其是的各大银行联合起来?

把华尔街的所有大银行联合起来,形成一个规模宏大、资财雄厚的国债承购组织——"辛迪加",这样就把需由一个金融机构承担的风险分摊到众多的金融组织头上,无论在数额上,还是所承担的风险都减轻了。各个金融机构联合起来,成为一个信息相互沟通、相互协调的稳定整体。对内,经营利益均沾;对外,以强大的财力为后盾,建立可靠的信誉。摩根坚信自己的想法是对的,摩根凭借过人的胆略和远见卓识预见到,一场暴风雨是不可避免的。

正如摩根所料想的那样,他的想法犹如一颗重磅炸弹,在华尔街乃至世界金融界引起了轩然大波。人们说他"胆大包天""是金融界的疯子",但摩根不为所动,他相信自己的判断没有错,他在静默中等待着机会的来临。后来的事实无疑证明了摩根天才的洞察力,华尔街的辛迪加成立了,法国的国债也消化了。摩根改变了以前海盗式的经营模式,后来又积极向银行托拉斯转变。华尔街从投机者的乐园变成了全美经济的中枢,而摩根及其庞大的家族也成了全美最大的财团之一。

我们知道,预见性想象对创富成败的影响是不言而喻的。一个错误的决策往往与其预见能力不足有关,而一个正确的预见则可以帮助你快速获得财富。曾一度令整个欧洲疯狂的联邦德国"电脑大王"海因茨·尼克斯多夫就是以其超前想象力先声夺人而取胜的。

海因茨原在一家电脑公司里当实习员,只是搞一些业余研究,还常常不被采纳,于是他自己外出兜售,得到了一家发电厂的赏识,预支了他3万马克,让他在该厂的地下室研究两台供结账用的电脑。1965年,他获得了成功,创造出了一种简便、成本低廉的820型小型电脑。由于当时的电脑都是庞然大物,只有大企业才用得起。因此,这种小型电脑一问世,立即引起了轰动。他为什么要搞这种微型电脑呢?他自己的回答是:"看到了电脑的普及化倾向,也因此看到了市场上的空隙,意识到微型电脑进入家庭的巨大潜力。"在其富于想象的大脑中,他甚至"看到"每个工作台上都有一台电脑。可以说,正是这种预见和想象使他获得了成功,并成为巨富。

曾经有人把当前的社会称为"想象力经济"时代,要想在这个时代淘到金钱,你必须具有超凡的想象力,而想象力必须依托远见,只有有远见的人,才能准确地预测市场,看到未来的发展趋势,从而取得成功。

第二节

不改变难成功，创新产生财富奇迹

墨守成规阻碍成功

我们知道很多的游戏规则是我们自己订的，结果这些规则反而使我们丧失了创造力。因此，人一定要记住：做任何事，没有规则不行，但过于因循守旧、墨守成规也不行。适当之时，要善于改变众人所遵循的规则，独辟蹊径，去创造辉煌的人生。

研究行销管理的专家曾经提出过一个观点：竞争会造成限制。意思是说，一般人习惯用"硬碰硬"的方式与人正面竞争，但是这种短兵相接的方式并不见得是最有效的制胜之道，反而会阻碍成功。因为当你正面去竞争的时候，你也就完全认同这个游戏，并愿意遵守某些固定的规则与观念，你的思想就会受制于某一个框框，反而阻碍了你发挥自己的创造力。

绝大多数人宁愿相信，遵守既定规则是非常重要的，否则，如果人人都想打破规矩，岂不是天下大乱？然而，管理专家强调，这只是一种鼓励突破思考的方法，让你更精确、有效地达成目标。换句话说，"要打破的是规则，而不是法律"。通常情况下，具有突破性思考特征的人，他们和旧式的行业规则格格不入，对每件事都质疑，不喜欢墨守成规，偏爱自由游荡。

专门从事运动心理学研究的美国斯坦福大学教授罗伯特·克利杰在他的著作《改变游戏规则》中指出："在运动场上，很多选手创造佳绩，都是因为他们打破了传统的比赛方法。"杰出的运动选手普遍具有这种"改变游戏规则"的特征。

根据罗伯特·克利杰的结论，突破思考是一种心态，可以鼓励人不断学习，不停地创造。所以，如果你想改变习惯，尝试新的挑战，那就突破规则，改变游戏规则吧！

所谓改变游戏规则，就是要掌握主控权。要改变规则不难，关键在于有没有求变的决心。一般人遇到没有把握的状况常常会犹豫，所以说人最大的敌人是自己。通常情况下，你决定"变"还是"不变"的标准是，如果你从以前的经验中找不到任何成功的例子，你就做最坏的打算——可以赔多少？只要赔得起你就做，更何况你可能会赢。

是否求变，还有一个规则：愈是有许多人说不，就愈该改变。在1993年美国大选中，克林顿曾经说过一句话："我们要改变游戏规则……"而布什总统却说："我有丰富的经验！"也许布什落选的一个重要原因是他"往后看"，而不是"向前看"。

世界上有很多追随者、依附者、模仿者，他们喜欢循行旧的轨道，喜欢以他人之思想为思想。但是社会所需要的是那些有创新思维，需要能够离开走熟了的途径而开创新天地的人——如离开了先例旧方而医治病人的医师，那些用别出心裁的方法办理讼案的律师，那些把新的理想、新的方法带进教室的教师等。

不要害怕你成为"创始人"。不要仅仅做一个人，而要做一个新的人、独立的人。不要想去抄袭仿效你的祖父、你的父亲、你的邻居，这就像紫罗兰花要模仿玫瑰花，菊花想要效颦向日葵一样可笑。

要知道，没有人能够因仿效他人而获得成功。成功是不能从抄袭、模仿中得来的。成功是个人的创造，是由创始的力量所造成的，所以我们要勇于去做成功路上的创始者。

日本的"电子之父"松下幸之助，就是这样一位富有智慧、善于洞察未来的成功人物。每当人们问及他成功的秘诀时，他总是淡淡一笑，说："靠的是比别人稍微走得快一点。"

最大的危险是不冒险

一些人崇尚"稳中求胜"，认为"凡人世险奇之事，绝不可为"。这种思想的余毒，严重地影响了人的行事，也给人的事业带来了不良的影响。所以人应改变心中所想，敢于去冒险，并在冒险中焕发出生命的光彩。

利奥·巴士卡利雅说："希望有失望的危险，尝试也有失败的可能。但是不尝试如何能有收获，不尝试怎么能有进步？不做也许可以免于受挫折，但也失去了学习或爱的机会。一个把自己限于牢笼中的人，是生活的奴隶，无异于丧失了生活的自由。只有勇于尝试的人，才拥有生活的自由，才能渡过人生难关。"

这正是他对自己生活的总结。小时候，人们常常告诫他，一旦选错行，梦想就不会成真，还告诉他，他永远不可能上大学，劝他把眼光放在比较实际的目标上。但是，他没有放弃自己的梦想，不但上了大学，还拿到了博士学位。当他决定抛弃已有的一份优越工作去环游世界时，人们说他最终会为此后悔，并且拿不到终生教职，但是，他还是上了路。结果，他回来后不但找到了一份更好的工作，还拿到了终生教职。当他在南加州大学开办"爱的课程"时，人们警告他，他会被当作疯子。但是，他觉得这门课很重要，还是开了。结果，这门课改变了他的一生。他不但在大学中教"爱的课程"，还被邀请到广播电台、电视台举办爱的讲座，受到美国公众的欢迎，成为家喻户晓的爱的使者。他说："每件值得的事都是一次冒险。怕输就错失游戏的意义。冒险当然有带来痛苦的可能，可是不去冒险的空虚感让人更痛苦。"

事实上，无论我们选择试还是不试，时间总会过去。不试，什么也没有；试，虽然有风险，但总比空虚度日强，总会有收获。这里有一个让我们鼓起勇气来尝试的思维方式：可能发生的最坏的事情是什么？

柯德特在纽约市一家公司里有一个舒适的职位，但是他想当自己的老板，到新罕布什尔经营自己的小生意。他问自己：如果失败了，最坏的事情是什么呢？他想到了倾家荡产。然后他继续问自己：倾家荡产后最坏的事情是什么？答案是他不得不干任何他能得到的工作。之后，最坏的事情可能是他又厌恶这种工作，因为他不喜欢受雇于别人。最终，他会再找一条路去经营自己的生意，而这一次，有了上一次失败的教训，他懂得了如何避免失败，他就会成功。这样想过之后，他采取了行动，去经营自己的生意，并真的获得了成功。他总结说："你的生活不是试跑，也不是正式比赛前的准备运动。生活就是生活，不要让生活因为你的不负责任而白白流逝。要记住，你所有的岁月最终都会过去的，只有做出正确的选择，你才配说你已经活过了这些岁月。"艰苦的选择,如同艰苦的实践一样,会使你全力以赴,会使你有力量。躲避和随波逐流是很有诱惑力,但是有一天回首往事,你可能意识到,随波逐流也是一种选择——但绝不是最好的一种。

只有当我们选择尝试时,我们才能不断发现自己的潜力,从而找到最适合自己的事业,并渡过人生难关。

不论何时,只要尝试做事的新办法,人们就要把自己推向冒险之途。假如你想致力于改良事物的现况,就不得不欣然冒险。用罗斯福总统夫人伊莲娜的话来说就是,我们必须去做自以为办不到的事。

成功者最大的特点就是具有想用新的点子做实验及冒险的意愿。进取的人和普通人最明显的差别就在于:进取的人在态度上勇于冒险,且具新观念,能鼓舞他人去从事一无所知的事,而非尽玩些安全的游戏。他们之所以敢于冒险,是因为有冒险力的驱动。如果做事怕冒险的话,就没办法把事情做好了。而要冒险,一定要有足够的勇气及资本。所谓的资本是指冒险力。光凭着第六感觉或运气是没办法安然渡过大大小小的风险的。如果一切都在计划之内、意料之中,也就算不上什么冒险了。冒险力是在无法确定的复杂情势下,发挥它的神奇魔力的。

第三节

找到方法，就能开启财富的大门

没有笨死的牛，只有愚死的汉

天无绝人之路，遇到问题时只要肯找方法，上天总会给有心人一个解决问题、取得成功的机会。

人们都渴望成功，那么，成功有没有秘诀？其实，成功的一个很重要的秘诀就是寻找解决问题的方法。俗话说："没有笨死的牛，只有愚死的汉。"任何成功者都不是天生的，只要你积极地开动脑筋，寻找方法，终会"守得云开见月明"。

世间没有死胡同，就看你如何寻找方法、寻找出路。

相信很多人都听说过甘布士的故事。

有一年，因为经济危机，不少工厂和商店纷纷倒闭，被迫贱价抛售自己堆积如山的存货，价钱低到 1 美元可以买到 100 双袜子。

那时，约翰·甘布士还是一家织制厂的纺织工人。他马上把自己积蓄的钱用于收购低价货物，人们见到他这股傻劲儿，纷纷嘲笑他是个蠢材。

约翰·甘布士却依然我行我素，收购各工厂和商店抛售的货物，并租了很大的货仓来贮货。

他妻子为此十分担忧，劝他不要购入这些别人廉价抛售的东西，因为他们历年积蓄下来的钱数量有限，而且是准备用做子女抚养费的。如果此举血本无归，那么后果便不堪设想。

对于妻子忧心忡忡的劝告，甘布士笑着安慰她道：

"3个月以后，我们就可以靠这些廉价货物发大财了。"

10多天后，那些工厂即使贱价抛售也找不到买主了，他们便把所有存货用车运走烧掉，以此稳定市场上的物价。

他妻子看到别人已经在焚烧货物，不由得焦急万分，便抱怨甘布士。对于妻子的抱怨，甘布士仍不置一词，只是笑着等待。

不久之后，美国政府采取了紧急行动，稳定了市场的物价，并且大力支持那里的厂商复业。

这时，因为经济危机焚烧的货物过多，存货短缺，物价一天天飞涨。约翰·甘布士马上把自己库存的大量货物抛售出去。

这时，他妻子又劝告他暂时不忙把货物出售，因为物价还在一天一天地飞涨。

他平静地说："是抛售的时候了，再拖延一段时间，就会后悔莫及。"

果然，甘布士的存货刚刚售完，物价便跌了下来。他的妻子对他的远见钦佩不已。

甘布士用这笔赚来的钱，开设了5家百货商店，生意也十分兴隆。

后来，甘布士成了全美举足轻重的商业巨子。

面对问题，成功者总是比别人多想一点，道斯就是这样的人。

道斯是当地颇有名气的水果大王，尤其是他的高原苹果色泽红润，味道甜美，供不应求。有一年，一场突如其来的冰雹把将要采摘的苹果砸了许多伤口，这无疑是一场毁灭性的灾难。然而面对这样的问题，道斯没有坐以待毙，而是积极地寻找解决这一问题的方法，不久，他便打出了这样的一则广告，并将之贴满了大街小巷。

广告上这样写道："亲爱的顾客，你们注意到了吗？在我们的脸上有一道道伤疤，这是上天馈赠给我们高原苹果的吻痕——高原常有冰雹，只有高原苹果才有美丽的吻痕。味美香甜是我们独特的风味，那么请记住我们的正宗商标——伤疤！"

从苹果的角度出发，让苹果说话，这则妙不可言的广告再一次使道斯的苹果供不应求。

世上无难事，只怕有心人。面对问题，如果你只是沮丧地待在屋子里，便会有禁锢的感觉，自然找不到解决问题的正确方法。如果将你的心锁打开，开动脑筋，勇敢地打破固定自己思维的枷锁，你将收获很多。

三分苦干，七分巧干

很多人认为，只有苦干才能成功。但无数成功者的经验表明，一个人要走向成功不能只会苦干，更要学会巧干。因为会巧干的人会少走弯路，更快地走向成功。

人们常说：一件事情需要三分苦干加七分巧干才能完美。意思是做事要注重寻找解决问题的方法，用巧妙灵活的方法解决难题，不要一味地蛮干。也就是说，"苦"的坚韧离不开"巧"的灵活。一个人做事,若只知下苦功夫,则易走入死道;若只知用巧,则难免缺乏"根基",唯有三分苦加上七分巧才能更容易达到自己的目标。克里尔就是深知此道理的人。

克里尔是一家医药公司的推销员。一次,他坐飞机回公司,竟遇到了意想不到的劫机。通过各界的努力,问题终于得以解决。就在要走出机舱的一瞬间,他突然想到:劫机这样的事件非常重大,应该有不少记者前来采访,为什么不好好利用这次机会宣传一下自己的公司呢?

于是,他立即从箱子里找出一张大纸,在上面写了一行大字:"我是××公司的克里尔,我和公司的××牌医药品安然无恙,非常感谢搭救我们的人!"

他打着这样的牌子一出机舱,立即就被电视台的镜头捕捉住了。他立刻成了这次劫机事件的明星,很多家新闻媒体都争相对他进行采访报道。

他回到公司的时候,受到了公司隆重的欢迎。原来,他在机场别出心裁的举动,使得公司和产品的名字几乎在一瞬间家喻户晓了。公司的电话都快被打爆了,客户的订单更是一个接一个。董事长当场宣读了对他的任命书:主管营销和公关的副总经理。事后,公司还奖励了他一笔丰厚的奖金。

克里尔的故事,说明了一个道理:做任何事情,都要将"苦"与"巧"巧妙结合。正所谓"三分苦干,七分巧干";"苦"在卖力,"巧"在灵活地寻找方法,只有这样,才容易找到走向成功的捷径。威灵顿的故事就说明了这个道理。

威灵顿出生在一个穷困的山村,从小家里就很困难。17岁那年,他独自一人带着8个窝窝头，骑着一辆破自行车，从小山村到离家100公里的城里去谋生。

城里的工作本来就不好找，加上他连高中都没有毕业，学历这么低，要想找到一份好的工作难上加难。

他好不容易在建筑工地上找到了一份打杂的活。一天的工钱是2元钱，这只够他吃饭，但他还是想尽办法每天省下1元钱接济家人。

尽管生活十分艰难，但他还是不断地鼓励自己会有出人头地的一天。为此，他付出了比别人更多的努力。两个月后，他被提升为材料员，每天的工资加了1元钱。

靠着自己的不懈努力，他初步站稳了脚跟。之后，他就开始重视方法。他认为要在新单位站稳脚跟，更多地得到大家的认可，就不能只靠苦干，更要靠巧干。那么，怎样才能做到这点呢？

冥思苦想之后，他终于想到了一个点子。工地的生活十分枯燥，他想，能不能让大家的业余生活过得丰富一点呢？想到这里，他拿出自己省下来的一点钱，买了《天方夜谭》《伊索寓言》等书，认真阅读后，就给大家讲故事。这一来，晚饭后的时间，总是大家最开心的时间。每天，工地上都洋溢着工友们欢乐的笑声。

一天，老板来工地检查工作，发现他有非常好的口才，于是决定将他提升为公关业务员。

一个小点子付诸实践后就能有这样的效果，他极受鼓舞。于是，他便将主动找方法，并运用到工作的各个方面。

对工地上的所有问题，他都抱着一种主人翁的心态去处理。夜班工友有随地小便的习惯，怎么说都没有用，他便想方法让大家文明上厕；一个工友性格暴躁，喝酒后要与承包方拼命，他想办法平息矛盾,做到使各方都满意……

别看这些都是小事,但领导都看在眼里。慢慢地,他成了领导的左膀右臂。

由于他经常主动找方法,终于等来了一个创业的良机。有一天,工地领导告诉他,公司本来承包了一个工程,但由于各种原因,难度太大,决定放弃。

作为一个凡事都爱"三分苦干,七分巧干"的人,他力劝领导别放弃。领导看着他充满热情,突然说了一句话:"这个项目我没有把握做好。如果你看得准,由你牵头来做,我可以为你提供帮助。"

他几乎不敢相信自己的耳朵:这不是给自己提供了一个创业的绝好机会吗?他毫不犹豫地接下了这个项目,然后信心百倍地干了起来。

但遇到的困难是出乎意料的,仅仅是报批程序中需要盖的公章就有15个,但他还是想尽办法,一个个都盖了。终于项目如期完成了,他掘到了人生的第一桶金。

不久,他便成立了自己的建筑公司,并且事业做得越来越大。

图书在版编目（CIP）数据

财商 / 尚波著. —北京：中国华侨出版社，2019.12（2024.3 重印）
ISBN 978-7-5113-8091-3

Ⅰ.①财… Ⅱ.①尚… Ⅲ.①财务管理—通俗读物 Ⅳ.① TS976.15-49

中国版本图书馆 CIP 数据核字（2019）第 283321 号

财商

著　　者：	尚　波
责任编辑：	刘晓燕
封面设计：	冬　凡
美术编辑：	盛小云
经　　销：	新华书店
开　　本：	880mm×1230mm　1/32 开　印张：6　字数：139 千字
印　　刷：	三河市京兰印务有限公司
版　　次：	2020 年 6 月第 1 版
印　　次：	2024 年 3 月第 10 次印刷
书　　号：	ISBN 978-7-5113-8091-3
定　　价：	35.00 元

中国华侨出版社　北京市朝阳区西坝河东里 77 号楼底商 5 号　邮编：100028
发 行 部：（010）88893001　　　传　真：（010）62707370

如果发现印装质量问题，影响阅读，请与印刷厂联系调换。